国家重点研发计划项目(2017YFC1503102)
国家自然科学基金项目(51874160)
辽宁"百千万人才工程"培养经费资助项目
辽宁工程技术大学学科创新团队资助项目(LNTU20TD-01)

内排土场支挡煤柱力学效应及其应用研究

王　东　李广贺　姜聚宇　著

中国矿业大学出版社
·徐州·

内容提要

本书在分析支挡煤柱失稳机理与载荷分布特征的基础上，推导出了水平基底和顺倾基底内排土场支挡煤柱力学效应的数学表达式，实现了对煤柱三维支挡效应的定量表征；基于极限平衡理论，提出了煤柱三维支挡效应的二维等效方法，建立了煤柱支挡效应下的内排土场稳定性二维计算方法，将空间力学问题转变为平面应变问题进行求解；以胜利东二露天煤矿为工程实例，揭示了煤柱形态参数等因素与支挡效应和内排土场稳定性的定量关系，形成了规律性认识，优化设计了该矿内排土场支挡煤柱形态参数，并采用数值模拟方法进行了验证。

图书在版编目(CIP)数据

内排土场支挡煤柱力学效应及其应用研究 / 王东，李广贺，姜聚宇著. —徐州：中国矿业大学出版社，2021.2

ISBN 978 - 7 - 5646 - 4976 - 0

Ⅰ. ①内… Ⅱ. ①王… ②李… ③姜… Ⅲ. ①煤矿开采—矿柱强度—力学—研究 Ⅳ. ①TD822

中国版本图书馆 CIP 数据核字(2021)第 037528 号

书　　名　内排土场支挡煤柱力学效应及其应用研究

著　　者　王　东　李广贺　姜聚宇

责任编辑　杨　洋

出版发行　中国矿业大学出版社有限责任公司

（江苏省徐州市解放南路　邮编 221008）

营销热线　(0516)83884103　83885105

出版服务　(0516)83995789　83884920

网　　址　http://www.cumtp.com　**E-mail**:cumtpvip@cumtp.com

印　　刷　江苏凤凰数码印务有限公司

开　　本　787 mm×1092 mm　1/16　**印张** 7　**字数** 175 千字

版次印次　2021 年 2 月第 1 版　2021 年 2 月第 1 次印刷

定　　价　42.00 元

前　言

露天开采时强化内排具有减少占地面积、降低剥离运输距离、提高设备作业效率等突出优点，是治理煤自燃、扬尘与控制边坡稳定性的最佳措施。然而内排土场一旦形成，其稳定性直接影响露天煤矿采剥工程及工作人员和设备的安全。国内有一些大型露天煤矿的内排土场发生过一定规模的滑坡或大变形，尤其软弱基底内排土场。由于该类排土场基底亲水性强，软弱基底遇水软化，强度降低，采用常规疏干排水措施时效果难以量化，仍存在一定的滑坡风险。若进行基底处理，不但需要较大的剥离成本，而且当基底岩层较厚时难获得理想的治理效果，因此留设支挡煤柱成为改善软弱基底内排土场稳定性的重要措施之一。然而留设支挡煤柱必然会造成一定的煤炭损失，因此如何留设支挡煤柱成为内排土场稳定性研究的新课题。

对支挡煤柱力学效应和煤柱三维支挡效应下的内排土场稳定性分析方法进行研究不仅能够为类似的露天煤矿边坡工程设计、治理及安全实施提供科学依据，还对岩土力学等学科的发展有较大的推动作用，科学意义重大。

作者在分析支挡煤柱失稳机理和荷载分布特征的基础上，推导出了水平基底、顺倾基底内排土场支挡煤柱力学效应的数学表达式，实现了对煤柱三维支挡效应的定量表征；基于极限平衡理论，提出了煤柱三维支挡效应的二维等效方法，建立了煤柱支挡效应下的内排土场稳定性二维计算方法，将空间力学问题转变为平面应变问题进行求解。以胜利东二露天煤矿为工程背景，揭示了煤柱形态参数等因素与支挡效应和内排土场稳定性的定量关系，形成了规律性认识，优化设计了该矿内排土场支挡煤柱形态参数，并采用数值模拟方法进行了验证，研究成果可为类似边坡工程的治理提供理论依据。

在作者撰写本书过程中，辽宁工程技术大学露天开采与边坡工程团队曹兰柱教授、王来贵教授、白润才教授、宋子岭教授、刘光伟副教授、王猛副教授、陈应显副教授、贾兰副教授、赵景昌博士等提出了宝贵的意见与建议，张立国、王康、丁春健、邢晓宇等研究生参与了部分模拟研究和数据整理等工作，在此表示感谢。此外，在撰写过程中参考了大量文献资料，在此谨向相关作者一并表示衷心感谢。

本书主要研究内容是在国家重点研发计划项目（2017YFC1503102）、国家自然科学基金项目（51874160）、辽宁“百千万人才工程”培养经费资助项目、辽宁工程技术大学学科创新团队资助项目（LNTU20TD-01）支持下完成的，在此表示感谢。

由于作者水平有限，书中错误和缺点在所难免，欢迎广大读者不吝赐教。

作　者
2020 年 10 月

变量注释表

变量	含义
F_s	边坡稳定性系数
F	折减系数
φ_i	第 i 条块的底滑面摩擦角,(°)
c_i	第 i 条块的底滑面黏聚力,kPa
l_i	第 i 条块的底滑面长度,m
δ_i	第 i 条块的底滑面与水平面之间的夹角,m
W_i	第 i 条块的重力,kN
b_i	第 i 条块的宽度,m
h	煤柱高度,m
b	煤柱顶宽,m
b_{best}	煤柱最佳顶宽,m
α	内排土场基底倾角,(°)
β	煤柱外底角,(°)
ω	煤柱内底角,(°)
d	煤柱走向长度,m
c_d	等效黏聚力,kPa
φ_d	等效内摩擦角,(°)
$\tan\varphi_d$	等效内摩擦系数
τ	剪应力,kN
σ	正应力,kN
k	侧压力系数
μ	泊松比
γ	端帮岩层重度,kN/m^3
β_p	内排土场边坡角,(°)
F	静止土压力,kN

续表

变量	含义
A	煤柱侧界面面积，m^2
A_{rm}	第 r 个含煤柱条块的煤柱面积，m^2
A_r	第 r 个含煤柱条块的面积，m^2
α_d	端帮边坡角，(°)
B	端帮倾向长度，m
k_t	附加应力系数
γ_m	煤的重度，kN/m^3
γ_p	排弃物料的重度，kN/m^3
φ_m	煤的内摩擦角，(°)
c_m	煤的黏聚力，kPa
φ_j	基底岩层的内摩擦角，(°)
c_j	基底岩层的黏聚力，kPa
T_m	侧界面抗剪力，kN
S	底界面抗剪力，kN
ψ	传递系数
D	煤柱外底角至坡脚距离，m
H	内排土场高度，m

目　　录

1 绪　论

1.1 研究背景及意义

煤炭资源不仅是我国能源的重要组成部分，在一次性能源结构中长期占据主导地位，还是重要的化工原料，为经济社会发展和国防建设提供了强有力的保障[1-2]。煤炭开采有井工开采和露天开采两种开采方式，其中露天开采具有安全条件好、回采率高、生产规模大、易实现自动化、生产成本低、环境易修复等突出优势[3]，已成为诸多国家煤炭资源的主要开采方式，部分国家露天开采占比达90%以上[4]。根据2019年国家能源局第2号公告《关于全国煤矿生产能力情况》，截至2018年12月月底，我国生产中露天煤矿249座，基建露天煤矿54座，年产400万t/a及以上大型露天煤矿35座，年产1 000万t/a及以上特大型露天煤矿16座，生产中露天煤矿主要集中在新疆、内蒙古、山西、云南、陕西等省或自治区[5-6]，各地区露天煤矿数量如图1-1所示。目前我国露天煤矿产能约占总产能的20%。

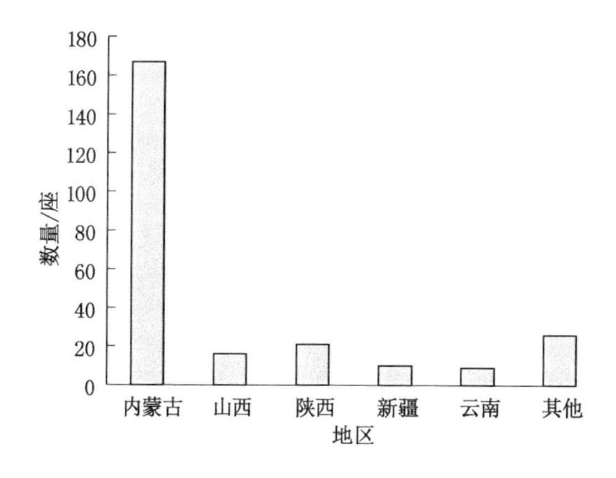

图1-1　各地区露天煤矿数量

露天开采强化内排具有减少占地面积、降低剥离运输距离、提高设备作业效率等突出优点，是治理煤自燃、扬尘与控制边坡稳定性的最佳措施。然而内排土场一旦形成，其稳定性直接影响露天煤矿采剥工程及工作人员和设备的安全。国内有一些大型露天煤矿的内排土场发生过一定规模的滑坡或大变形，尤其软弱基底内排土场。例如，霍林河露天煤矿在2014年9月通过监测数据发现内排土场处于蠕动状态，虽然整体变形比较平稳，但是在煤层底板附近出现约 1 m 高的底鼓，沿南北方向延伸 700 m，于 2015 年 2 月发生体积约 77 万 m^3 的滑坡，使＋828 m 水平排土平盘向前移动 75 m，F_4 断层附近底鼓高度在 0～29 m 之间[7]；神华宝日希勒露天煤矿内排土场在 2009 年 4 月出现沉降，同年 5 月内排土场＋660 m 水平排土运输平盘变形加速，并发生 2 h 的滑坡，滑坡区南北长约 750 m，东西长约 600 m，滑移距离为 200 m，滑体体积约 1 000 万 m^3，使基底盲沟排水系统严重破坏[8]，滑坡区平面位置如图 1-2 所示。除此之外，三道岭露天煤矿、安家岭露天煤矿、红沙泉露天煤矿的内排土场均发生过一定程度的变形或失稳现象[9-11]，严重威胁露天煤矿安全生产。

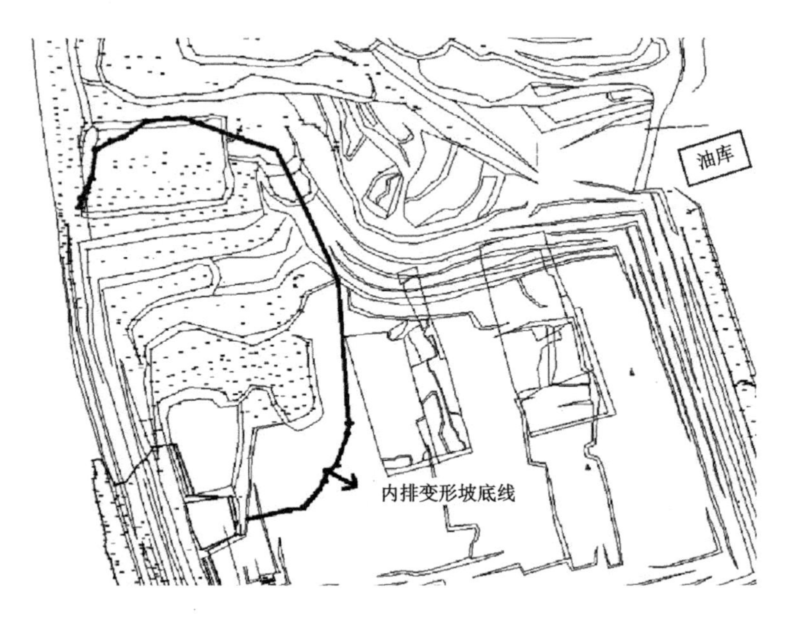

图 1-2　神华宝日希勒露天煤矿内排土场滑坡区平面位置

诱发露天煤矿内排土场滑坡的主控因素是软弱基底和地下水，由于该类内排土场基底亲水性强，软弱基底遇水软化，强度降低，黏聚力甚至低至 0 kPa，采用常规疏干排水措施时效果难以量化，仍存在一定的滑坡风险。若进行基底处理，需要较大的剥离成本，且当基底岩层较厚时难获得理想的治理效果。因此，留设支挡煤柱成为改善软弱基底内排土场稳定性的重要措施之一。然而留设支挡煤柱必然会造成一定的煤炭损失，因此如何留设支挡煤柱成为内排土场稳定性研究的新课题。传统的煤柱支挡效应研究仅考虑支挡煤柱与基底间抗剪力，采用二维刚体极限平衡法对支挡煤柱形态进行优化，使内排土场的稳定性达到安全储备系数要求，忽略了支挡煤柱端帮两侧的抗剪力，易造成支挡煤柱形态参数过大，从而资源浪费严重。现有的三维刚体极限平衡法通常将滑体近似为椭球体，其滑坡模式与软弱基底内排土场不符；数值模拟时建模复杂，难以在工程中推广。因此，如何从支挡煤柱力学效应着手，开展煤柱三维支挡效应下的内排土场稳定性分析，合理设计内排土场支挡煤柱形态参数，已成为露天开采领域亟待解决的难题。

综上所述，本书在分析支挡煤柱失稳机理与荷载分布特征的基础上，推导出了水平基底、顺倾基底内排土场支挡煤柱力学效应的数学表达式，实现对煤柱三维支挡效应的定量表征；基于极限平衡理论，提出煤柱三维支挡效应的二维等效方法，建立煤柱支挡效应下的内排土场稳定性二维计算方法，将空间力学问题转变为平面应变问题进行求解；以胜利东二露天煤矿为工程背景，揭示煤柱形态参数等因素与支挡效应和内排土场稳定性之间的定量关系，形成规律性认识，优化设计该矿内排土场支挡煤柱形态参数，并采用数值模拟方法进行验证。该研究不仅能够为类似的露天煤矿边坡工程设计、治理及安全实施提供理论依据，还对岩土力学等学科的发展具有较大的推动作用，科学意义重大。

1.2 国内外研究现状

1.2.1 边坡稳定性分析方法

目前最为常用的边坡稳定性分析方法包括极限平衡法[12-15]、极限分析法[16-19]、数值模拟法[20-22]。

1.2.1.1 极限平衡法

极限平衡法分为二维极限平衡法及由其扩展而成的三维极限平衡法。由于其计算原理简单，易实现程序化，被广泛应用于边坡稳定性分析中，也是最是成熟的方法。在我国边坡稳定性分析中比较常用的方法是剩余推力法[23]。二维极限平衡法主要包括适用于圆弧滑坡计算的 Fellenius 法、简化 Bishop 法及 Bishop 法和适用于任意曲面滑坡计算的 Spencer 法、Morgenstern-Price 法、简化 Janbu 法及 Janbu 法[24]。这些方法大同小异，主要区别为条间力的假设条件及满足的静力平衡条件，使其边坡稳定性超静定问题转变为静定可解问题，但是同种工况及地质条件下各方法计算的稳定性系数结果可能不同。其主要原理为：假设边坡存在潜在滑面，对滑体进行条块化处理，基于条块或(和)滑体的静力平衡方程对边坡稳定性系数进行求解，确定最危险滑面。其计算原理图如图 1-3 所示。下面简要介绍几种常见的二维极限平衡法。

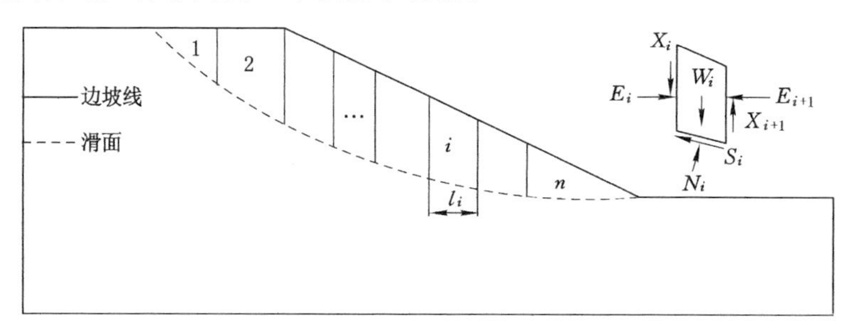

图 1-3　二维极限平衡法计算原理图

(1) Fellenius 法

Fellenius 法最早由 W. Fellenius 于 1927 年提出，该方法推动了边坡稳定性分析方法的发展，为后来严密的极限平衡法奠定了理论基础[25]。

其基本假设为：

① 边坡为均质或类均质材料，其抗剪强度服从莫尔-库仑强度准则；

② 忽略条块间的水平作用力和垂直作用力，且滑面提供的切向力与法向力的合力作用在条块底部中心；

③ 以极限抗滑力矩与滑动力矩的比值定义边坡的稳定性系数，力矩的矩心为圆弧滑面的圆心。

采用 Fellenius 法计算的稳定性系数 F_s 的表达式为：

$$F_s = \frac{\sum (c_i l_i + W_i \cos \alpha_i \tan \varphi_i)}{\sum W_i \sin \alpha_i} \tag{1-1}$$

式中　W_i——第 i 个条块的重量，kN；

l_i——第 i 个条块底面长度，m；

c_i——第 i 个条块底面的黏聚力，kPa；

φ_i——第 i 个条块底面的内摩擦角，(°)；

α_i——第 i 个条块底面倾角，(°)。

该方法只满足力矩平衡条件，不满足力的平衡条件，忽略条间力，导致计算所得的稳定性系数偏安全，在工程实际中应用比较广泛。

(2) 简化 Bishop 法

针对 Fellenius 法存在的不足，1955 年英国学者 A. W. Bishop 提出二维极限平衡法中的简化 Bishop 法[26]，该方法计算过程简单，计算结果精度高，被广泛应用于工程实际中。该方法更改了 Fellenius 法中的假设二：考虑条块间的法向力，忽略条块间的切向力，滑面提供的切向力与法向力的合力作用在条块底部中心。

简化 Bishop 法计算的稳定性系数 F_s 的表达式为：

$$F_s = \frac{\sum \frac{1}{m_{\alpha_i}} [c_i b_i + (W_i + X_i - X_{i-1}) \tan \varphi_i]}{\sum W_i \sin \alpha_i} \tag{1-2}$$

式中　b_i——第 i 个条块的宽度，m；

X_i——第 i 条块与第 $i+1$ 条块间的切向力，kN；

X_{i-1}——第 i 条块与第 $i-1$ 条块间的切向力，kN；

$m_{\alpha_i} = \cos \alpha_i + \frac{\sin \alpha_i \tan \varphi_i}{F}$。

该方法只满足垂直方向静力平衡方程和力矩平衡方程，不满足水平方向静力平衡方程，属于非严格条分法，但计算所得稳定性系数与 M-P 法、Janbu 法计算结果的误差为 3%～4%，计算精度相对较高。

(3) Janbu 法

Janbu 法[27]由挪威学者 N. Janbu 于 1954 年提出,适用于任何形态的滑面计算,且满足静力平衡方程和力矩平衡方程,需要假设推力作用位置,得出条块间切向力和法向力之间的关系表达式,通过迭代求解边坡稳定性系数。

其基本假设为:

① 条块底面力的作用点为垂直方向的合力与底面的交点;

② 条块间的法向力作用点为条块底部以上 1/3 位置;

③ 以滑面的抗剪强度与实际抗剪力比值定义边坡的稳定性系数。

根据 Janbu 法计算所得稳定性系数 F_s 的表达式为:

$$F_s = \frac{\sum \dfrac{c_i b_i + (W_i + X_i - X_{i-1})\tan\varphi_i}{m_{\alpha_i}\cos\alpha_i}}{\sum (W_i + X_i - X_{i-1})\tan\alpha_i} \tag{1-3}$$

假设 $X_i=0$,即简化 Janbu 法,则有:

$$F_s = \frac{\sum \dfrac{c_i b_i + W_i\tan\varphi_i}{m_{\alpha_i}\cos\alpha_i}}{\sum W_i\tan\alpha_i} \tag{1-4}$$

Janbu 法属于严格的极限平衡法,满足所有静力平衡方程和力矩平衡方程,但需要进行迭代求解,计算不易收敛,不适用于工程实际。但采用简化 Janbu 法计算时易收敛,在复杂的工程中可以优先使用。

(4) Spencer 法

1967 年 Spencer 法首次被提出,该方法适用于任何形态的滑面计算,是公认的计算精度高的方法,条块满足静力平衡方程,滑体满足力矩平衡方程[28]。

其基本假设为:

① 兼顾条块间切向力 X 与法向力 E,且两者满足 $X=\lambda f(x)E$;

② 各条块间切向力 X 相互平行;

③ 以滑面的抗剪强度与实际抗剪力的比值定义边坡的稳定性系数。

由假设②可知:

$$\tan\theta = \frac{X}{E} \tag{1-5}$$

式中　X——条块间的切向力,kN;

　　E——条块间的法向力,kN;

　　θ——条块间作用力 P 与其法向分力 E 的夹角,(°)。

根据条块底面的静力平衡条件可得:

$$\begin{cases} N_i = W_i\cos\alpha_i - (P_{i+1} - P_i)\sin(\alpha_i - \theta) \\ T_i = (P_{i+1} - P_i)\cos(\alpha_i - \theta) - W_i\sin\alpha_i \end{cases} \tag{1-6}$$

式中　N_i——第 i 个条块底面上的法向力,kN;

T_i——第 i 个条块底面上的切向力,kN;

P_{i+1}——第 i 条块与第 $i+1$ 条块间的作用力,kN;

P_i——第 i 条块与第 $i-1$ 条块间的作用力,kN。

基于 M-C 准则,可得:

$$T_i = \frac{c_i l_i + N_i \tan \varphi_i}{F} \tag{1-7}$$

由条块间合力总和为 0 得:

$$\sum (P_{i+1} - P_i) = 0 \tag{1-8}$$

建立滑体的力矩平衡方程:

$$\sum (P_{i+1} - P_i)\cos(\alpha_i - \theta)R_i = 0 \tag{1-9}$$

式中 R_i——切向分力到转动中心 O 的力臂,m。

对式(1-5)至式(1-9)进行联立求解,最终剩余的未知参数为 F 与 θ,通过绘制满足静力平衡方程时的 F_m-θ 关系曲线与满足力矩平衡方程时的 F_f-θ 关系曲线(F_m 为满足整体力矩平衡时的边坡安全系数,F_f 为满足整体力平衡时的边坡安全系数),两条关系曲线的交点即边坡的稳定性系数 F_s。该方法属于严格的极限平衡法,但计算收敛困难,计算精度较高。

(5) Morgenstern-Price 法

Morgenstern-Price 法(简称 M-P 法)于 1965 年由 N. R. Morgenstern 和 V. E. Price 共同提出[29],简称 M-P 法。Morgenstern-Price 法能够适用于任何形态的滑面计算,属于满足静力平衡方程和力矩平衡方程的严格条分法,基本假设与 Spencer 法几乎相同,不同之处:兼顾条块间切向力 X 与法向力 E,两者满足 $X=\lambda f(x)E$,且 λ 介于 0~1 之间。

根据条块底面的静力平衡条件可得:

$$\begin{cases} dN' + dX\cos\alpha + dE'\sin\alpha = dW_i\cos\alpha \\ dT' + dX\sin\alpha = dE'\cos\alpha + dW_i\sin\alpha \end{cases} \tag{1-10}$$

式中 N'——第 i 个条块底面上的有效法向反力,kN;

E'——条块间的有效切向力,kN。

基于 M-C 准则,可得:

$$dT = \frac{c'\sec\alpha dx + dN'\tan\varphi'}{F} \tag{1-11}$$

式中 dT——第 i 个条块底面上的有效切向阻力,kN。

建立各条块的静力平衡方程得:

$$X = \frac{d}{dx}(Ey_t) - y\frac{dE}{dx} \tag{1-12}$$

建立各条块力矩平衡方程得:

$$\frac{d}{dx}(kx + L)E = Nx + P \tag{1-13}$$

式(1-12)与式(1-13)中各系数求解如下:

$$
\begin{cases}
f = kx + m\dfrac{\mathrm{d}W}{\mathrm{d}x} = px + q \\
K = \lambda k\left(\dfrac{\tan\varphi'}{F} + A\right) \\
L = \lambda m\left(\dfrac{\tan\varphi'}{F} + A\right) + 1 - A\dfrac{\tan\varphi'}{F} \\
N = p\left[\dfrac{\tan\varphi'}{F} + A - r_{\mathrm{u}}(1 + A^2)\dfrac{\tan\varphi'}{F}\right] \\
P = \dfrac{c'}{F}(1 + A^2) + q\left[\dfrac{\tan\varphi'}{F} + A - r_{\mathrm{u}}(1 + A^2)\dfrac{\tan\varphi'}{F}\right]
\end{cases}
\tag{1-14}
$$

式中 r_{u}——孔隙压力比;

A、p、q、m、λ——常数。

M-P 法计算的控制性参数为 λ、F,可以通过调整其值使其满足边界条件。该方法计算圆弧滑面时,$f(x)$对稳定性系数几乎没有影响,但计算过程复杂,很少用于工程实际中。

此外,1970 年非饱和土力学之父 D. G. Fredlund 基于条块间切向力与法向力之间可变函数的假设条件,提出了通用条分法(GLE 法)[30],属于适用于任何形态滑面的严格极限平衡法;1973 年英国学者 S. K. Sarma 基于条块间切向力与法向力之间满足 $X = E\tan\varphi + ch$ 的假设条件提出 Sarma 法[31],当黏聚力为 0 或较小时,条块间切向力与法向力之间呈线性关系,计算过程简单,当黏聚力较大时,条块间切向力与法向力之间呈非线性关系,迭代计算不易收敛;以及 20 世纪 60 年代提出的美国陆军工程师团法。诸多方法均为边坡工程的发展起到了巨大推动作用,各类极限平衡法的平衡条件与假设条件分别见表 1-1 和表 1-2[32]。

表 1-1 各类极限平衡法的平衡条件

方法	平衡条件		
	力矩平衡	静力平衡	
		水平力	垂直力
瑞典条分法或 Fellenius 法	是	否	否
简化 Bishop 法	是	否	是
简化 Janbu 法	否	是	是
通用 Janbu 法	是	是	是
美国陆军工程师团法	否	是	是
Spencer 法	是	是	是
Morgenstern-Price 法	是	是	是
通用条分法(GLE 法)	是	是	是
Sarma 法	是	是	是
不平衡推力法	否	是	是

表 1-2　各类极限平衡法的假设条件

方法	是否考虑条间法向力(E)	是否考虑条间切向力(X)	考虑 X、E 的情况或两者之间的关系	滑动面假定
瑞典条分法或 Fellenius 法	否	否	无条间力	圆弧
简化 Bishop 法	是	否	仅水平力	圆弧
简化 Janbu 法	是	否	仅水平力	任意
通用 Janbu 法	是	是	应用推力作用线	任意
美国陆军工程师团法	是	是	从坡顶到坡脚直线的斜率	任意
Spencer 法	是	是	常数	任意
Morgenstern-Price 法	是	是	变量,用户函数	任意
通用条分法(GLE 法)	是	是	可采用各方法的假设条件	任意
Sarma 法	是	是	$X=ch+E\tan\varphi$	任意
不平衡推力法	是	是	上一条块底面的斜率	任意

为了使计算结果与实际值接近,国内岩土工程界学者应用不同理论与方法对极限平衡法进行了详细研究。

陈祖煜[33]对 Morgenstern-Price 法进行了改进,提出了假设条件应注意边界条件,解决了计算收敛困难的问题,在采用变分法计算的基础上求解了边坡的安全系数的上、下限,确定了边坡安全系数的严格解。

张鲁渝[34]提出了兼顾条间力大小和方向的通用条分法 GLE 方程,基于 Rapid Solver 法对边坡稳定性系数进行求解,并与传统的严格条分法进行比较,具有一致性,求解流程如图 1-4 所示。

贾苍琴等[35]基于对土体剪胀性影响土坡稳定性计算结果的认识,以 Toyoura 砂为研究对象,基于材料本构模型,建立了剪胀角与摩擦角之间的函数关系,采用等效原理,提出了考虑材料剪胀性的极限平衡法。

朱大勇等[36]通过数值模拟获取边坡的真实应力场,确定滑面上的正应力分布,并对其进行修正,提出了满足所有静力平衡条件的严格极限平衡法,并以武都水库为研究对象,采用传统方法与有限元强度折减法对其进行验证,计算结果令人满意。

李文渊等[37]在简化 Bishop 法基础上,将霍克-布朗参数等效为黏聚力与内摩擦角,提出了适用于霍克-布朗准则的极限平衡法,并分析了霍克-布朗参数对边坡稳定性的影响。

最常用的三维极限平衡方法均是在二维条分法基础上进行三维扩展,进行合理条件下的假设,定义不同的稳定性系数。

下面从假设条件、计算方法等方面进行简要分析。

(1) 三维 Fellenius 法

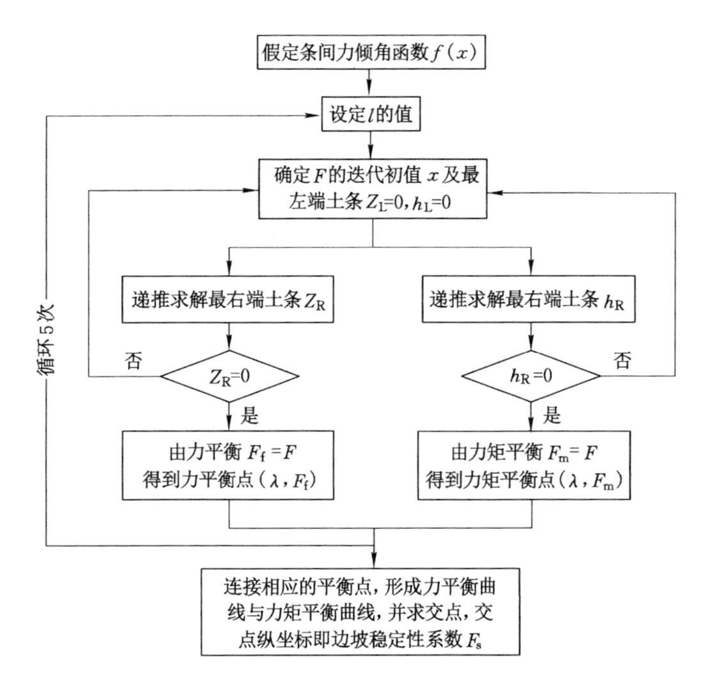

图 1-4 通用条分法求解流程

H. J. Hovland 于 1977 年在分析二维 Fellenius 法（瑞典圆弧法）的基础上，提出了适用于圆弧滑动的三维 Fellenius 法[38]，作出如下假设：

① 条柱只在底界面受力（包括法向力、切向力及重力），忽略相邻条柱间受力，条柱受力分析如图 1-5 所示；

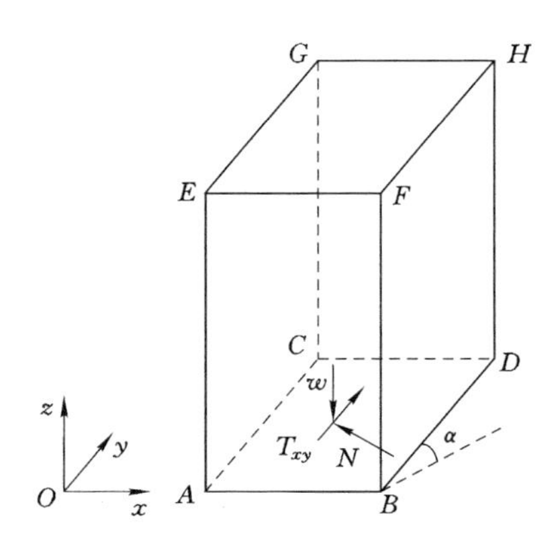

图 1-5 三维 Fellenius 法条柱受力分析

② 条柱的剪切力平行于底界面，方向与滑动方向相反，忽略 x 轴方向的剪切力。

该方法定义边坡的稳定性系数为抗滑力与下滑力的比值，根据 y 轴与 z 轴的静力平衡方程推导的稳定性系数 F_s 为：

$$F_s = \frac{\iint_S (\mathrm{d}N_z - u\mathrm{d}A_z)\tan\varphi + c\mathrm{d}A_z}{\iint_S \mathrm{d}W\sin\alpha} \tag{1-15}$$

分析式(1-15)可知：该方法只考虑 y 轴与 z 轴的静力平衡条件，不考虑 x 轴的静力平衡条件和力矩平衡条件，因此该方法计算精度一般，适用于临界滑动面对称或近似对称情况。

(2) 三维简化 Bishop 法

Hungr 于 1987 年在分析二维 Bishop 法基础上，提出了适用于圆弧滑动的三维简化 Bishop 法，作出如下假设：

① 考虑相邻条柱间的法向力，忽略条柱间切向力；

② 条柱的剪切力平行于底界面，方向与滑动方向相反，忽略 x 轴方向的剪切力。

该方法定义边坡的稳定性系数为抗滑力矩与下滑力矩的比值：

$$F_s = \frac{\iint_S [(\mathrm{d}N_z - u\mathrm{d}A_z)\tan\varphi + c\mathrm{d}A_z](\cos\alpha\mathrm{d}y + \sin\alpha\mathrm{d}z)}{\iint_S [\mathrm{d}W\mathrm{d}z - \mathrm{d}N_z(-n_y\mathrm{d}y + n_z\mathrm{d}z)]} \tag{1-16}$$

该方法最大的不足是忽略每个条柱侧界面的垂直切向力，导致计算精度一般，但是对于临界滑动面为旋转面的情况适用性较强。

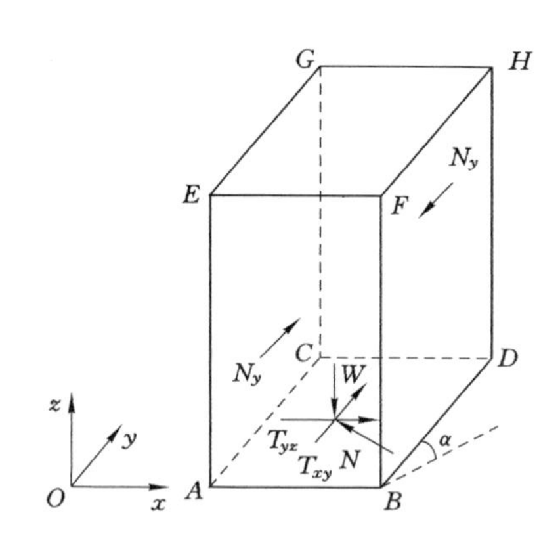

图 1-6　三维简化 Bishop 法条柱受力分析

(3) 三维简化 Janbu 法

Hungr 于 1989 年在分析二维简化 Janbu 法基础上提出了适用于任意滑面的三维简化 Janbu 法，与三维简化 Bishop 法假设条件相同。

该方法定义边坡的稳定性系数为临界滑动面的抗剪强度与实际产生的剪应力的比值：

$$F_s = \frac{\iint_S [(\mathrm{d}N_z - u\mathrm{d}A_z)\tan\varphi + c\mathrm{d}A_z]\cos\alpha}{\iint_S \mathrm{d}N_z n_y} \tag{1-17}$$

该方法最大的优点是适用于任意滑面的边坡稳定性分析，计算简单且相对严格，与工程实际相符，也是最为常用的三维极限平衡方法。

(4) 三维 Spencer 法

张兴[39]、陈祖煜等[40]在分析二维 Spencer 法基础上提出了适用于任意滑面的三维 Spencer 法，因二者的假设条件存在差异，故其工程适用条件不相同。

张兴的假设条件为：

① 临界滑动面为旋转椭球曲面，方程为：

$$\frac{(x-x_0)^2}{a^2}+\frac{y^2}{b^2}+\frac{(z-z_0)^2}{a^2}=1 \tag{1-18}$$

② 端部压力 P 作用于条柱底界面中心，P 的计算公式为：

$$P=\gamma h\tan^2(45^\circ-\frac{\varphi}{2})A_{xz} \tag{1-19}$$

③ 条柱底界面满足莫尔-库仑强度准则；

④ 条柱间的法向力与 y 轴(滑动方向)的夹角为 λ；

⑤ 条柱的剪切力平行于底界面，方向与滑动方向相反，忽略 x 轴方向的剪切力。

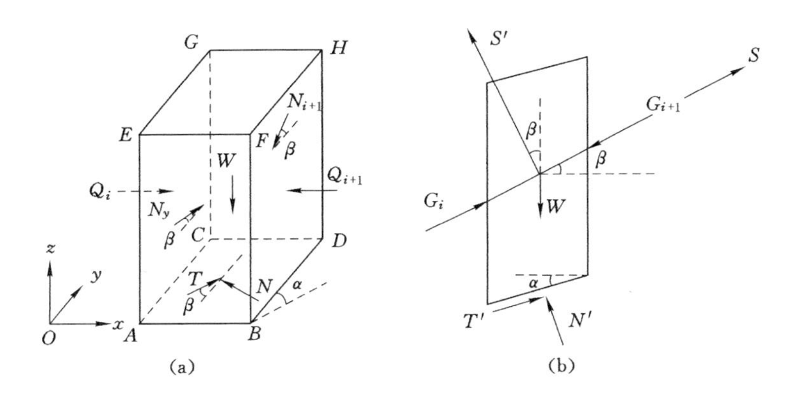

图 1-7 三维 Spencer 法条柱受力分析

根据滑动方向和垂直滑动方向的静力平衡和绕旋转椭球中心的力矩平衡条件推导所得的稳定性系数 F_s 为：

$$F_s=\frac{\iint\limits_S R\cos(\lambda-\alpha)A_2/[A_1-K_M\cos(\lambda-\alpha)]\mathrm{d}x\mathrm{d}y}{\iint\limits_S R\cos(\lambda-\alpha)W\sin\alpha/[A_1-K_M\cos(\lambda-\alpha)]\mathrm{d}x\mathrm{d}y} \tag{1-20}$$

通过不断调整 λ 值使之同时满足静力平衡条件和力矩平衡条件，计算原理复杂，且当存在软弱结构面时，滑面形态与工程实际不符，难以在工程中推广。

陈祖煜的假设条件为：

① 条柱间的法向力 N_y、N_{y+1} 与 y 轴(滑动方向)的夹角为 β；

② 条柱的左、右侧界面作用力 Q_i、Q_{i+1} 与 x 轴平行；

③ 条柱底界面剪切力 T 与 yOz 面的夹角为 ρ，若 T 的 x 轴分量为正，则 ρ 为正值；

④ yOz 面左、右两侧的 ρ 相反，并且线性分布，分布函数为：

$$\begin{cases}\rho_R = kx & (x \geqslant 0) \\ \rho_L = -\eta kx & (x < 0)\end{cases} \tag{1-21}$$

当临界滑动面为对称面时，$\eta=1$，η 代表左、右侧 ρ 的变化的不对称特性。

根据上述假设条件及条柱在滑动方向（S 方向）和垂直滑动方向（S' 方向）的静力平衡、滑体整体的静力平衡及整体绕 x 轴的力矩平衡，通过迭代即可获得边坡稳定性系数。

（5）三维 Sarma 法

李同录等[41]在分析二维 Sarma 法的基础上提出了适用于任意形状滑动面的三维 Sarma 法，作出如下假设：

① 条柱前、后侧界面只受垂直剪力，不受水平剪力；

② 条柱左、右侧界面所受的剪力与条柱底界面平行；

③ 所有条柱在底界面满足莫尔-库仑强度准则；

④ 条柱底界面剪切力 T 与 yOz 面的夹角为 ρ，若 T 的 x 轴分量为正，则 ρ 为正值。

根据条柱 3 个方向的静力平衡条件、滑体整体沿 x 轴的静力平衡条件及莫尔-库仑强度准则得：

$$\begin{cases}\sum\limits_{y}\sum\limits_{x} Tm_x = \sum\limits_{y}\sum\limits_{x} N\cos\alpha \\ f = \dfrac{\sum\limits_{y}\sum\limits_{x}(N\tan\varphi + cA)m_x}{\sum\limits_{y}\sum\limits_{x} N\cos\alpha}\end{cases} \tag{1-22}$$

由于二维 Sarma 法对滑体进行倾斜划分，而三维 Sarma 法是基于垂直条分法进行分析，得到的稳定性系数可能不是最小值，因此条柱的划分方式是否影响边坡稳定性系数有待验证。

（6）三维剩余推力法

陈胜宏等[42]在二维剩余推力法基础上提出了适用于任意形状滑动面的三维剩余推力法，作出如下假设：

① 条柱前、后侧界面的合力 N_y 与前条柱的底界面平行；

② 条柱左、右侧界面的合力 Q_x 与左条柱的底界面平行；

③ 所有条柱在底界面满足莫尔-库仑强度准则；

④ 条柱底界面剪切力 T 与 yOz 面的夹角为 ρ，若 T 的 x 轴分量为正，则 ρ 为正值。

根据条柱 3 个方向的静力平衡条件，求解底界面的法向力 T 及侧界面的合力 N_y、Q_x，再根据莫尔-库仑强度准则及迭代方法，求解出边坡的稳定性系数。该方法仅适用于主滑动方向已知的情况，对于复杂的滑面，方向适用性较差，且忽略力矩平衡条件，边坡稳定性系数偏小。

此外,张均锋[43]忽略力矩平衡条件,通过扩展三维简化 Janbu 法,得到滑体各条柱在不同的行或列的稳定性系数,基于临界滑动面的几何特性与力学分析,获得滑动方向,确定边坡的整体稳定性系数和局部稳定性系数,并开发了相应的程序。

朱大勇等[44]基于滑面正应力修正原理,预先假设三维滑面正应力分布,根据垂直力平衡和对旋转轴力矩平衡条件,对三维滑面正应力进行修正,得到了适用于旋转对称边坡的三维稳定性系数显式解。

顾晓强等[45]基于对条柱的静力平衡、滑体整体的静力平衡和力矩平衡分析,假设条柱侧面上的横向剪力为0,并引入条柱的侧界面抗剪强度平均发挥系数 λ,推导出了适用于任意形状临界滑动面的三维极限平衡法,揭示了条柱数量和侧界面平均剪力对边坡三维稳定性系数的影响规律。

郑宏[46]采用无条分法,基于滑面正应力修正原理,对整个滑体进行受力分析,构建6个平衡方程,提出了适用于任意形状临界滑动面的严格三维极限平衡法,并验证了岩土体内摩擦角为0°时的稳定性系数的唯一性。

李树奇等[47]的假设与二维 Bishop 法相同,基于滑体内部点、条柱、整个滑体的静力平衡条件和力矩平衡条件进行分析,提出了一种三维极限平衡法。

罗先启等[48]采用垂直条分法,通过引入条柱间的横向剪力、竖向剪力及底界面剪力发挥系数 λ_1、λ_2、λ_3,在分析条柱的静力平衡条件和力矩平衡条件的基础上,提出了一种计算矢量和稳定性系数的三维极限平衡法。

周伟等[49]基于瑞典条分法,忽略环向条柱间的侧向剪力和径向条柱间的水平力和剪切力,以抗滑力矩与下滑力矩的比值定义边坡稳定性系数,提出了适用于圆弧滑动的凹边坡稳定性计算的三维极限平衡法,并揭示了曲率半径对凹边坡三维稳定性的影响规律。

王东等[50]以凹边坡为研究对象,基于对土体环向侧压力的分析,兼顾条柱间水平方向作用力与切向作用力,根据滑体的静力平衡引入应力修正模式,提出了一种用于凹边坡稳定性计算的三维极限平衡法。

邓东平等[51]假设滑体底界面服从莫尔-库仑强度准则,基于静力平衡条件和绕点平行于各坐标轴的力矩平衡条件,通过求解滑动面法向应力,提出了适用于任意形状滑动面的三维极限平衡法。

王东等[52]兼顾地层产状和滑体空间形态,在建立力学模型的基础上,根据静力平衡条件提出了用于计算顺倾弱层边坡的三维极限平衡法,并揭示了弱层暴露长度对边坡三维稳定性的影响规律。

1.2.1.2 数值模拟法

近年来,随着计算机技术的高速发展,数值模拟技术逐渐被应用于边坡工程,其最大优点是无需力学假设条件及滑面位置,且能够考虑变形协调的本构关系。国内外学者采用离散元、有限元、有限差分等方法对边坡失稳机理与稳定性展开大量研究[53-55]。

郑颖人等[56]应用有限元强度折减法分析了含结构面边坡的破坏机理和安全系数，确定了含结构面岩质边坡最易发生的滑坡模式为圆弧或直线剪切破坏。

唐春安等[57]将强度折减法的基本原理引入RFPA方法，建立RFPA-SRM岩土工程稳定性强度折减分析方法。

王毅等[58]在构建煤层燃烧后的本构模型基础上，应用有限元软件ANSYS分析了煤自燃对边坡稳定性的影响。

周健等[59]应用离散元程序PFC对黏土和砂土类边坡展开研究，揭示了细观参数对边坡破坏模式的影响规律，发现颗粒黏性增大是导致边坡从塑性破坏过渡到脆性破坏的主要因素。

王培涛等[60]通过折减颗粒间黏结强度和摩擦系数，以断裂面贯通作为失稳判据，以黑山铁矿为工程背景，分析了扰动前、后边坡稳定性系数。

郑允等[61]应用离散元软件UDEC编写了包含震动峰值加速度与爆心距、高差的强度折减法，提出了以最大节点位移作为边坡临界失稳判据，并应用于云浮硫铁矿露天采场边坡。

马力等[62]应用有限差分程序FLAC^{3D}对直线边坡与凹边坡稳定性进行研究，定量分析后得知凹边坡稳定性优于直线边坡，揭示了形态参数对两类边坡稳定性系数的影响规律，得出稳定性系数与边坡角呈线性增加的结论。

王家臣等[63]通过构建排土场三维真实模型，反演确定黏土的抗剪强度参数，计算结果与直剪试验相同，揭示了内摩擦系数是影响排土场边坡稳定性的主要因素，分析了软弱基底排土场的破坏类型。

杨莹等[64]以白鹤滩水电站左岸边坡为工程背景，应用RFPA^{3D}软件构建三维模型，分析了边坡从裂隙萌生到滑面贯通的整个过程，判定了边坡滑坡模式。

尚涛等[65]基于FLAC^{3D}软件定量分析了节地减损开采对边坡的稳定性和应力分布的影响规律，确定了边坡塑性区范围与开挖深度呈正相关，边坡稳定性与开挖深度呈负指数降低关系。

韩同春等[66]提出了GIS与GeoStudio耦合的真三维地质建模和边坡稳定性分析方法，具有建模速度快和精度高的优点。

1.2.1.3 极限分析法

近年来，塑性极限分析法被广泛应用于岩土工程中，主要包括两种普遍定理：上限定理和下限定理，其主要原理为：通过构建边坡处于极限状态时的内部消耗功率方程和外部消耗功率方程，基于虚功率方程求解边坡稳定性系数[17,67-68]。

王江营等[69]假设滑面为对数螺旋曲面，建立外荷载作用下边坡体的外功率及内部消散率的方程，将材料的强度储备系数定义为边坡的稳定性系数，给出边坡稳定性系数求解的表达式。

张子新等[70]通过相似材料模拟试验分析块裂层状边坡失稳破坏模式，基于极限分析法的上限定理求解顺倾、反倾斜边坡的稳定性系数。

方薇等[71]假设非均质土的黏聚力随边坡高度线性变化，通过变异因子构建不同深度的黏聚力方程，基于上限分析法确定边坡的临界高度上限及边坡的稳定性系数。

黄茂松等[72]兼顾软弱夹层和降雨入渗对边坡稳定性的影响，基于转动-平动组合机构，提出了上限分析法。

李译等[73]基于刚性块体系统，构建刚性块体-结构面组合体，基于下限定理，建立安全系数的目标函数，利用数学规划模型进行求解，并编写相应的计算程序。

高如超等[74]考虑边坡张剪破坏机理，对 M-C 模型进行改进，建立张拉破坏准则，提出了兼顾张拉及剪切破坏的下限原理有限元法。

王珍等[75]基于上限定理，建立非均质边坡的对数双螺旋破坏机构，通过强度折减确定边坡稳定性系数，并以某露天煤矿为工程背景，应用传统的 M-P 算法对非均质边坡稳定性上限分析法进行验证。

1.2.2　内排土场稳定性分析方法

在内排土场稳定性分析方法方面，岩土工程界专家也展开了大量研究。

周昌寿[76]基于地质特征分析，确定了内排土场变形类型与影响因素，定性分析了内排台阶位置对其稳定性的影响规律。

舒继森等[77]以义马北露天煤矿内排土场为工程背景，分析其潜在滑坡模式，基于条分法中的传递系数法评价内排土场稳定性。

郑晓鹏等[78]以抚顺西露天煤矿内排土场为工程背景，分析其破坏类型，明确其稳定性影响因素，定性分析稳定基底、软弱基底、倾斜基底内排土场稳定性，并制定相应的治理措施。

杨占军等[79]基于 Sarma 法分析了降雨对抚顺西露天煤矿内排土场稳定性的影响规律。

杨巨文等[80]以宝日希勒露天煤矿为研究对象，分析了内排土场稳定性影响因素，运用 ANSYS 与 FLAC 软件揭示了内排土场变形失稳机制及滑坡模式。

贾兰等[81]采用 RFPA^{2D}软件模拟分析了宝日希勒露天煤矿内排土场变形和破坏过程，确定其最危险滑面位置。

梁冰等[82]以黑岱沟露天煤矿内排土场为工程背景，基于相似材料室内试验与数字散斑观测方法系统分析了抛掷爆破对内排土场边坡稳定性的影响。

许昌等[83]基于 FLAC 数值模拟法分析了马钢某矿内排土场稳定性，揭示了内排土场稳定性随排弃高度增加而降低的规律，并确定其破坏类型为剪切滑动。

刘峰等[84]以安家岭露天煤矿内排土场为工程背景，采用 FLAC 软件分析其滑坡机理，并根据监测点数据确定边坡位移分布特征。

张信等[85]基于强度折减理论，以 M-C 强度准则为失稳判据，应用 FLAC 软件对顺兴露天煤矿内排土场稳定性进行分析，并确定其破坏机理为拉、剪复合型。

陈亚军等[86]采用 Slide 软件分析了黑山露天煤矿内排土场的稳定性，确定其滑坡模式为滑移-坐落式。

罗怀廷等[87]以哈尔乌素露天煤矿内排土场为研究对象，基于现场调研和理论分析确定了内排土场增高的安全隐患，采用数值模拟方法分析了内排土场边坡稳定性与排弃高度、边坡角的函数关系。

宋子岭等[88]以安太堡露天煤矿内排土场边坡为工程背景，采用极限平衡法与数值模拟法分析了平盘宽度、推进距离等因素对内排土场稳定性的影响规律，揭示了倾斜基底内排土场失稳机理和滑坡模式。

李三川等[89]基于流变试验确定排弃物料参数，采用 Burgers 蠕变模型分析了内排土场沉降规律。

曹兰柱等[90]采用二维极限平衡法与三维数值模拟相结合的方法，分析了白音华三号露天煤矿内排土场稳定性与推进位置、边坡角的关系，揭示其滑坡模式为切层-顺层滑动破坏。

赵宇等[91]采用容积法计算涌入内排土场的水量，采用 FLAC 软件揭示了水位高度对胜利露天煤矿内排土场稳定性的影响规律。

田雨等[92]以胜利一号露天煤矿内排土场为工程背景，基于 SBAS 和混沌理论，对内排土场沉降进行监测，并提出相应的预测方法。

王东等[93]以元宝山露天矿内排土场为研究对象，基于边坡稳定性分析理论与露天开采理论，分析了其动态稳定性，并提出压脚挂帮并行建设方法。

周永利等[94]基于二维极限平衡理论分析了哈尔乌素露天矿内排土场稳定性随堆叠高度的变化规律，采用 FLAC 数值模拟软件确定其破坏形式和滑坡模式。

1.2.3 内排土场边坡治理方法

在地下水的作用下，内排土场滑坡时常发生，采矿学者提出不同的方法和措施来治理内排土场，削坡、抛石挤淤、破坏基底、疏干排水等方法最常见。

段起超等[10]针对安家岭露天煤矿内排土场局部台阶滑动现象，分析其原因，确定其影响因素，提出了破坏基底、疏干排水、调整物料排弃顺序等综合治理措施。

李林等[95]针对宝日希勒露天煤矿内排土场变形问题，确定其影响因素，通过对排水盲沟堆石体渗流特性进行理论分析，优化断面形态设计，获得排水盲沟的浸润曲线，提出采用 3 条排水盲沟处理内排土场基底水的治理方案。

徐贵娃[96]基于对内排土场基底的性质与特点的研究，综合对比分析采取砂石桩方案、振冲碎石桩方案、强夯法处理基底的优、缺点，确定了内蒙古某露天煤矿内排土场基底处理最优方案为强夯法。

张新明[9]通过分析内排土场发生滑坡的原因，对拦截进入基底的地下水、压坡脚支挡措施、抗滑桩及锚杆(索)加固法、清理基底弱层四个治理方案进行研究，最终确定清理基底弱层是三道岭露天煤矿内排土场治理的最优方案。

杨大明等[97]采用振冲碎石桩法对某内排土场的基底进行处理，基于荷载试验和动力触探法验证该方法的合理性与可行性。

张建平等[98]首次将抛石挤淤法应用到排土场基底处理中，基于能量守恒原理确定了挤淤深度。

冯辉等[99]基于摩根斯坦-普瑞斯法确定了某露天煤矿内排土场的稳定性系数，提出了采取疏干排水、坡底布置若干抗滑桩或加固锚杆等措施来提高内排土场稳定性。

秦帅等[100]以孝义铝矿内排土场为工程背景，在分析滑坡模式基础上确定了该矿满足安全储备系数要求的内排土场形态参数，提出了采取控制排土强度与排水、植物防护等综合治理措施来提高内排土场稳定性。

刘玉凤等[101]分析了地下水对内排土场基底泥岩和排弃物料力学参数的影响，兼顾地下水物理、力学作用及软化作用特性，采用数值模拟手段，分析了伊敏露天煤矿内排土场稳定性，提出了地下水超前疏干的内排土场治理措施。

鲁宁等[102]以内蒙古某露天煤矿内排土场为工程背景，分析了三种潜在滑坡模式时的内排土场稳定性，采用留设煤柱的手段对内排土场进行加固，揭示了煤柱宽度对内排土场稳定性的影响规律。

陈毓等[103]以黑山露天煤矿内排土场为工程背景，基于ANSYS软件揭示了“坐落滑移式”滑坡机理，确定了内排土场稳定性远低于安全储备系数，采用削坡处理措施来提高内排土场稳定性。

1.2.4 目前相关研究存在的问题

分析相关文献可知：岩土与采矿工程界学者针对边坡稳定性分析方法、内排土场稳定性分析方法及内排土场治理等开展了大量研究工作，推动了露天开采与边坡工程向前发展。尽管如此，本研究所涉及内排土场支挡煤柱力学效应和煤柱支挡效应下的内排土场稳定性二维计算方法，均存在一定的局限性：

(1) 二维边坡稳定性分析方法简单，容易程序化，被广泛应用于工程实际，但无法考虑煤柱三维支挡效应。

(2) 已知滑面形态方程(如椭球、旋转抛物面等)是分析滑面应力状态和推导三维极限平衡法的前提，内排土场在支挡煤柱力学效应作用下的滑面方程难以确定，现有的三维极限平衡法不适用。

(3) 数值模拟方法能够考虑支挡煤柱力学效应对内排土场稳定性的影响，但是变形参数弹性模量与泊松比难以确定，且建模复杂而难以在工程中推广。

(4) 大量的文献提出了内排土场的治理方法和措施,仅定性分析,无法定量描述内排土场稳定性;部分文献提出了留设煤柱来提高内排土场稳定性,但均从二维角度出发,忽略煤柱三维支挡效应,导致煤炭资源损失过大。

综上所述,现阶段还没有学者对内排土场支挡煤柱力学效应和煤柱支挡效应下的内排土场稳定性二维计算方法进行研究,缺少相关理论。为此,研究内排土场支挡煤柱力学效应,实现对煤柱三维支挡效应的定量表征,提出支挡煤柱三维力学效应的二维等效方法,建立煤柱支挡效应下的内排土场稳定性二维计算方法,揭示煤柱形态参数等与煤柱支挡效应和内排土场稳定性的关系,可为类似的露天煤矿边坡工程设计、治理及安全实施提供理论依据。

1.3 研究内容

本书主要研究内容如下:

(1) 内排土场支挡煤柱力学效应的定量表征

在构建内排土场支挡煤柱力学模型和力学边界的基础上,分析支挡煤柱失稳机理,确定其破坏位置;基于土力学理论,分析两侧端帮对支挡煤柱应力分布的影响;基于荷载分布特征和支挡煤柱的几何形态参数,推导出了煤柱三维支挡效应的数学表达式,实现对内排土场支挡煤柱力学效应的定量表征。

(2) 煤柱三维支挡效应的二维等效方法研究

基于对煤柱三维支挡效应的力学成因类型和影响因素的认识,采用合并同类项方式,提出煤柱三维支挡效应的二维等效方法,将二维等效后的抗剪强度参数引入二维刚体极限平衡法中,建立煤柱支挡效应下内排土场稳定性二维计算方法,并确定具体的流程,将空间力学问题转变为平面应变问题进行求解。

(3) 煤柱支挡效应及内排土场稳定性影响因素分析

以胜利东二露天煤矿内排土场为工程背景,采用煤柱三维支挡效应的二维等效方法、煤柱支挡效应下的内排土场稳定性二维计算方法和正交试验法,确定煤柱形态参数等对煤柱支挡效应及内排土场稳定性的影响程度,并揭示之间的定量关系,形成规律性认识。

(4) 内排土场支挡煤柱形态参数优化

基于煤柱支挡效应下内排土场稳定性的规律性认识,对比分析考虑与不考虑支挡煤柱侧界面抗剪力两种条件下的煤柱形态参数和支挡煤柱体积,优化设计以确定胜利东二露天煤矿内排土场支挡煤柱最佳形态参数;采用数值模拟手段,从支挡煤柱失稳机理与内排土场稳定性两个方面对理论分析结果进行验证。

1.4 研究方法与技术路线

1.4.1 研究方法

针对上述研究内容，采用理论分析、正交试验、数值模拟等相结合的方法，推导出了水平基底、顺倾基底内排土场支挡煤柱三维力学效应的数学表达式，提出煤柱支挡效应的二维等效方法，建立煤柱支挡效应下的内排土场稳定性二维计算方法，将该方法应用于胜利东二露天煤矿内排土场支挡煤柱设计中。具体研究方法如下。

(1) 理论分析

通过数学与力学分析，推导水平基底、顺倾基底内排土场支挡煤柱力学效应的数学表达式；基于土力学理论，分析两侧端帮对支挡煤柱应力分布的影响；基于岩体力学理论，确定支挡煤柱失稳破坏的位置；基于边坡稳定性分析理论，提出煤柱三维支挡效应的二维等效方法。

(2) 数学计算平台

煤柱三维支挡效应的数学表达式是根据支挡煤柱侧界面、底界面任意点的抗剪强度对面积进行积分求和获得，含有多个参数的二重不定积分，人工计算极其复杂且计算结果容易错误，本书借助 MATLAB 软件和 Mathmatic 软件推导出了水平基底和顺倾基底两种工况时煤柱三维支挡效应的数学表达式，实现了对内排土场支挡煤柱力学效应的定量表征。

(3) 正交试验

正交试验设计分析法是以数理统计为基础，利用标准的正交表揭示多因素多水平对试验指标影响的科学方法之一，是一种快速、高效的试验设计方法。本书应用正交试验与极差分析理论，确定煤柱形态参数等对煤柱支挡效应和内排土场稳定性的影响程度。

(4) 极限平衡法

基于极限平衡法建立煤柱支挡效应下的内排土场稳定性二维计算方法，揭示煤柱形态参数等对内排土场稳定性的影响规律，确定胜利东二露天煤矿内排土场考虑与不考虑支挡煤柱侧界面抗剪力两种情况下的煤柱最佳形态参数。

(5) 数值模拟

采用基于快速拉格朗日有限差分法的 $FLAC^{3D}$软件来模拟揭示支挡煤柱失稳时的位移和塑性区分布特征，确定支挡煤柱失稳机理和内排土场稳定性，验证理论分析结果的合理性。

1.4.2 技术路线

本书研究的技术路线图如图 1-8 所示。

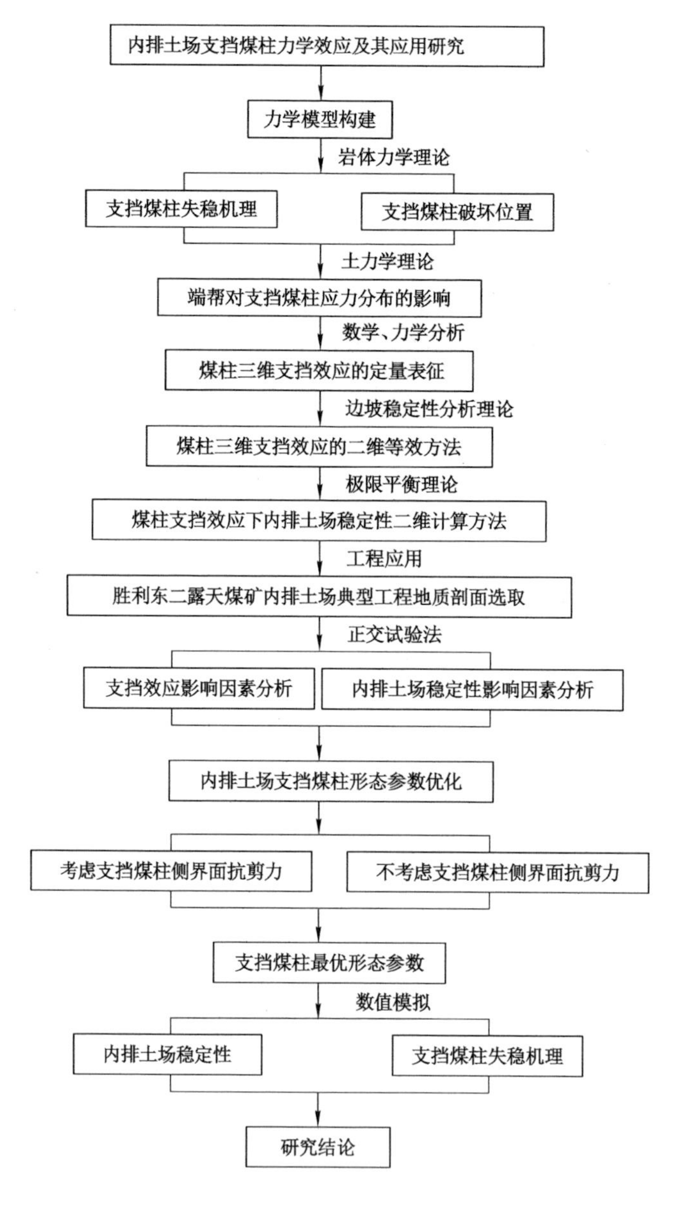
内排土场支挡煤柱力学效应及其应用研究
力学模型构建
岩体力学理论
支挡煤柱失稳机理
支挡煤柱破坏位置
土力学理论
端帮对支挡煤柱应力分布的影响
数学、力学分析
煤柱三维支挡效应的定量表征
边坡稳定性分析理论
煤柱三维支挡效应的二维等效方法
极限平衡理论
煤柱支挡效应下内排土场稳定性二维计算方法
工程应用
胜利东二露天煤矿内排土场典型工程地质剖面选取
正交试验法
支挡效应影响因素分析
内排土场稳定性影响因素分析
内排土场支挡煤柱形态参数优化
考虑支挡煤柱侧界面抗剪力
不考虑支挡煤柱侧界面抗剪力
支挡煤柱最优形态参数
数值模拟
内排土场稳定性
支挡煤柱失稳机理
研究结论

图 1-8　技术路线图

2　内排土场支挡煤柱力学效应的定量表征

研究内排土场支挡煤柱力学效应是内排土场稳定性分析和支挡煤柱形态参数优化的前提与基础。在其他工况相同情况下，水平基底、顺倾基底内排土场稳定性较差，逆倾基底内排土场稳定性相对较好。因此，本书分别对水平基底和顺倾基底条件下内排土场支挡煤柱力学效应展开研究。在构建支挡煤柱力学模型和力学边界的基础上，明确支挡煤柱失稳机理，判定其破坏位置；基于土力学理论，分析端帮对支挡煤柱应力分布的影响；基于荷载分布特征和支挡煤柱的几何形态参数，推导煤柱三维支挡效应的数学表达式，实现对内排土场支挡煤柱力学效应的定量表征。

2.1　支挡煤柱失稳机理及破坏位置分析

受露天煤矿剥采工程现状与设备作业需求限制，内排土场支挡煤柱的空间形态近似为具有梯形截面的六面体，支挡煤柱平面位置如图 2-1 所示。

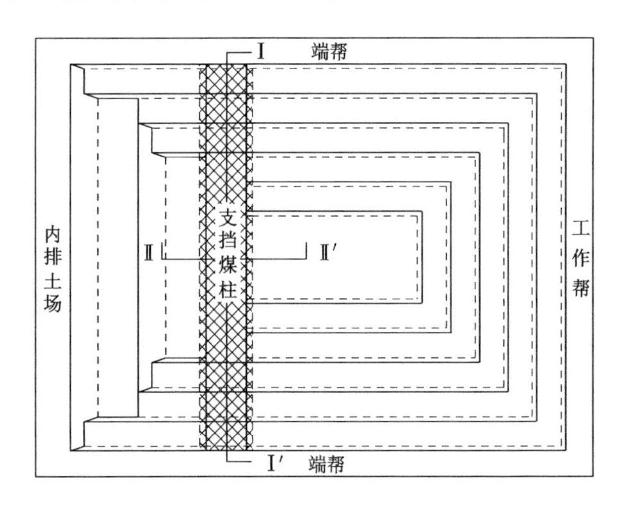

图 2-1　支挡煤柱平面位置

将沿支挡煤柱走向方向的剖面命名为Ⅰ-Ⅰ′剖面，断面形状如图 2-2(a)所示，将沿支挡煤柱倾向方向的剖面命名为Ⅱ-Ⅱ′剖面，断面形状如图 2-2(b)所示。

支挡煤柱在Ⅰ-Ⅰ′剖面方向的断面形状可视为倒梯形，在Ⅱ-Ⅱ′剖面方向的断面形状可视为梯形。假设端帮边坡角为 α_d，以表示支挡煤柱与内排土场的位置关系，靠近内排

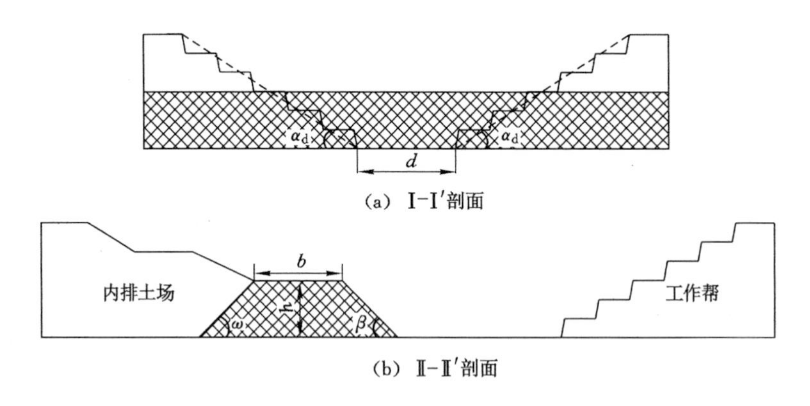

(a) Ⅰ-Ⅰ′剖面

(b) Ⅱ-Ⅱ′剖面

图 2-2　支挡煤柱断面形状示意图

土场侧的梯形底角为支挡煤柱的内底角 ω，靠近采空区侧的梯形底角为支挡煤柱的外底角 β，梯形的高度为支挡煤柱高度 h，梯形顶宽为支挡煤柱顶宽 b，露天煤矿坑底宽度为支挡煤柱走向长度 d。

取单独的支挡煤柱进行受力分析。支挡煤柱受内排土场后方静止土压力 F，两侧端帮的挤压力 F_1、F_2，侧界面抗剪力 T_1、T_2，底界面支撑力 N，抗剪力 S 与重力 W（煤柱自重与排弃物料重力的合力）的作用，支挡煤柱受力分析图如图 2-3 所示。

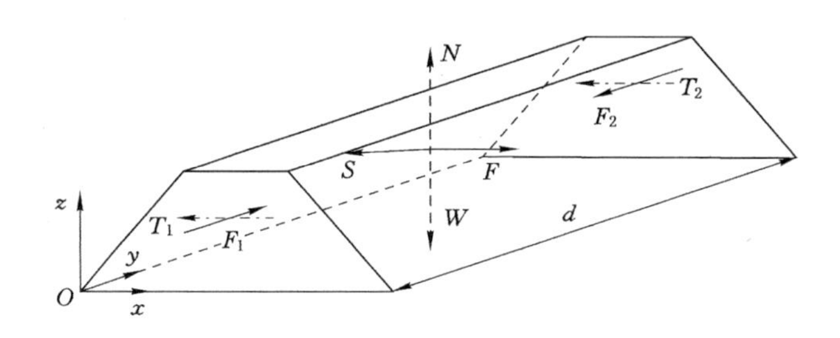

图 2-3　支挡煤柱受力分析图

由于支挡煤柱受到三维力作用，属于空间问题，但是可以近似应用岩梁理论进行分析。众所周知，支挡煤柱易在端帮两侧发生剪切破坏，易在支挡煤柱中间位置发生拉裂破坏。当支挡煤柱受内排土场后方静止土压力 F 先发生拉裂破坏时，支挡煤柱可近似分为两个悬臂梁，若诱发内排土场发生整体失稳，必然会使两个悬臂梁在端帮两侧发生剪切破坏。本书研究的支挡煤柱破坏机理与准东露天煤矿在横采内排端帮最下面岩层发生剪切破坏相似[104]。另外，根据大量的滑坡工程实例[105-109]，边坡下部岩体发生剪切破坏，上部岩体拉裂破坏，最终诱发滑坡。因此，支挡煤柱破坏诱发边坡整体失稳时，在支挡煤柱靠近两侧端帮位置处发生剪切破坏。

支挡煤柱在端帮两侧发生剪切破坏时，其他作用力的合力必须大于支挡煤柱端帮两侧抗剪力 T_1、T_2 的合力 T，抗剪力合力 T 最小处最容易发生剪切破坏。假设支挡煤柱侧界面形状相同以及上部排弃物料高度在走向方向上无变化，则抗剪力 $T_1=T_2$，侧界面抗

剪力合力 $T=2T_1=2T_2$。

又根据莫尔-库仑强度准则可知：

$$T=2\iint_A \sigma\tan\varphi_m+c_m dA \tag{2-1}$$

式中　φ_m——煤的内摩擦角，(°)；

c_m——煤的黏聚力，kPa；

A——煤柱侧界面的面积，m^2；

σ——作用在煤柱侧界面上的正应力，kN。

由于支挡煤柱高度在其走向方向上为定值，任一断面（图 2-4 中 GE'断面、PE'断面、QF'断面、KF'断面）在同一水平的自重应力与泊松效应相同（图 2-4 中 G_1、P_1、Q_1、K_1），因此抗剪力 T 只与断面面积有关。由三角形函数关系可知支挡煤柱最易发生剪切破坏的断面为过端帮与支挡煤柱在其底界面交线的竖直面。与此同时，兼顾水平基底与顺倾基底，支挡煤柱的空间形态可近似为具有四边形截面的四棱柱。

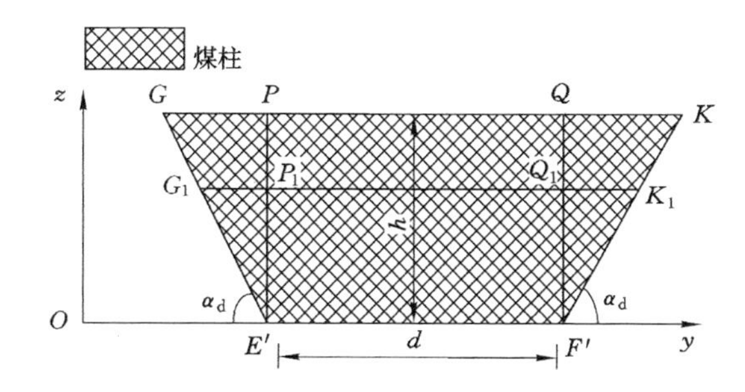

图 2-4　支挡煤柱破坏位置示意图

由 x 轴方向极限平衡条件可知：

$$F=S+T_1+T_2 \tag{2-2}$$

由式(2-2)可知：煤柱能够保持稳定且发挥最大支挡效应的条件为 $F<S+T_1+T_2$，即支挡效应由 T_1、T_2 和 S 的合力大小决定，因此，煤柱的支挡效应为三维效应。其中底界面抗剪力 S 由支挡煤柱自重及上部排弃物料荷载作用、支挡煤柱底界面形态参数、内排土场基底岩性决定；T_1、T_2 的大小由侧界面正应力、支挡煤柱性质和侧界面形态参数决定。

2.2　端帮对支挡煤柱应力分布的影响

基于上述分析可知：两侧端帮对支挡煤柱产生挤压力 F_1、F_2，直接影响支挡煤柱的侧界面正应力分布，进而影响支挡煤柱的力学效应，因此有必要开展端帮对支挡煤柱应力分布的影响研究。

假设两侧端帮对称，将端帮视为矩形基底面积上作用三角形分布的垂直荷载，如

图 2-5 所示，荷载最大值 P_1 为：

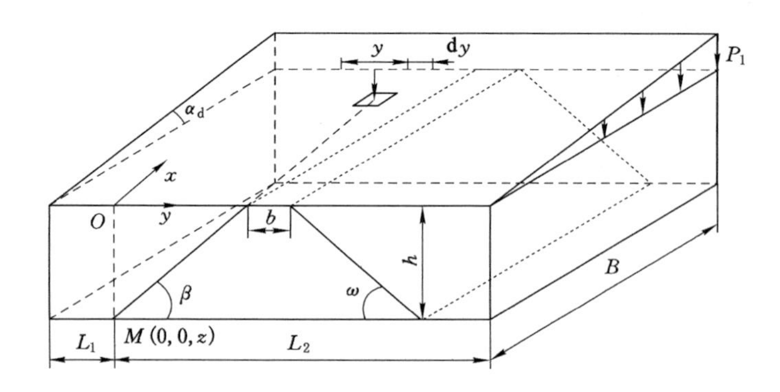

图 2-5　三角形垂直荷载作用下角点下的附加应力

$$P_1 = B\gamma \tan \alpha_d \tag{2-3}$$

式中　γ——端帮地层重度，kN/m³；

α_d——端帮边坡角，(°)；

B——端帮倾向长度，m。

基于土力学理论[110]，将荷载面内(x,y)处所取单元面积 $dxdy$ 上的分布荷载以集中力 dp 代替，则 dp 为：

$$dp = \frac{P_1 x}{B} dxdy \tag{2-4}$$

代入布辛内斯克弹性解，可得坐标原点垂直下方 z 处的 M 点由该集中力引起的附加应力 $d\sigma_M$ 为：

$$d\sigma_M = \frac{3P_1 xz^3}{2\pi B\,(x^2+y^2+z^2)^{2.5}} dxdy \tag{2-5}$$

对基底矩形区域进行面积积分后得到三角形分布荷载值为 0 的边界下方任意点处竖向附加应力 σ_z：

$$\sigma_z = k_t P_1 \tag{2-6}$$

式中　k_t——附加应力系数。

$$k_t = \frac{1}{2\pi B}\left\{\begin{aligned}&(L_1+x)\left[\frac{z}{\sqrt{(L_1+x)^2+z^2}} - \frac{z^3}{(B^2+z^2)\times\sqrt{B^2+(L_1+x)^2+z^2}}\right]\\&+(L_2-x)\left[\frac{z}{\sqrt{(L_2-x)^2+z^2}} - \frac{z^3}{(B^2+z^2)\times\sqrt{B^2+(L_2-x)^2+z^2}}\right]\end{aligned}\right\} \tag{2-7}$$

式中　L_1、L_2——端帮两侧边缘与坐标原点的距离，m。

泊松效应作用下三角形分布荷载值为 0 时的边界下方任意点处水平应力 σ_x 为：

$$\sigma_x = k\sigma_z \tag{2-8}$$

式中　k——侧压力系数，$k=\mu/(1-\mu)$，μ 为泊松比。

则一侧端帮作用在煤柱侧界面任意点处的正应力 σ_{dx} 为：

$$\sigma_{dx} = kk_t\gamma B\tan\alpha_d \tag{2-9}$$

一侧端帮作用在煤柱侧界面的正应力最大值位于三角形分布荷载值为 0 的边界下方 h 处。由于工程实际中端帮边坡角 α_d 较小，且 $h/B=0.01\sim0.1$，查阅《三角形分布的矩形荷载角点下的竖向附加应力系数表》可知该工况下竖向附加应力系数 $k_t\approx0$，因此可忽略端帮对支挡煤柱应力分布的影响。

2.3 水平基底内排土场支挡煤柱三维力学效应

内排土场基底水平工况条件下，即基底倾角为 0°，支挡煤柱的力学边界简单，力学分析过程也简单，煤柱三维支挡效应易求解。基底顺倾工况条件下，改变了基底倾角，力学边界极其复杂。因此，研究水平基底内排土场支挡煤柱三维力学效应为顺倾基底内排土场支挡煤柱三维力学效应的研究奠定理论基础。

当忽略端帮对支挡煤柱应力分布的影响时，支挡煤柱侧界面抗剪力 T_1 与底界面抗剪力 S 仅受煤柱自重和上方排弃物料垂直荷载影响。因此，兼顾内排土场发展的工程位置，对 3 种工况时的侧界面抗剪力 T_1 与底界面抗剪力 S 进行求解。① 工况 1：排土发展至支挡煤柱侧面；② 工况 2：排土发展至支挡煤柱顶面；③ 工况 3：排土发展过整个支挡煤柱。3 种工况时的断面示意图如图 2-6 所示。支挡煤柱顶面角点 B、A 分别为工况 1 与工况 2 和工况 2 与工况 3 的分界点。

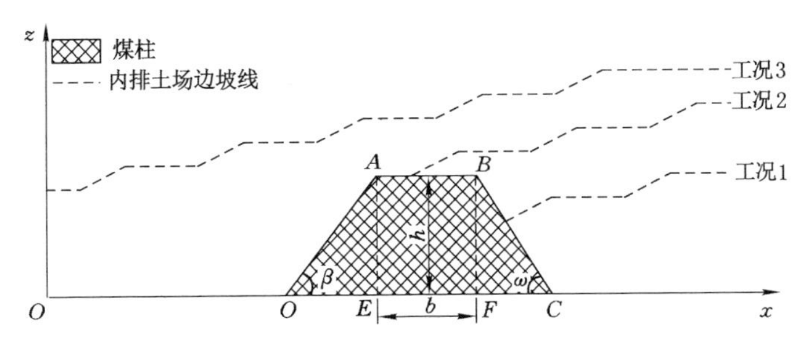

图 2-6 基底水平 3 种工况时的断面示意图

2.3.1 排土发展至支挡煤柱侧面时的三维支挡效应

结合煤柱自重应力的分布规律和排弃物料荷载影响，以支挡煤柱底界面外侧角点为坐标原点，将梯形断面划分为 4 个区域，分别为三角形 AOE 区、矩形 $AEFB$ 区、梯形 $BFMG$ 区及三角形 GMC 区，如图 2-7 所示。

根据已知的煤柱形态参数求出力学边界点坐标：$A\left(\frac{h}{\tan\beta},h\right)$、$B\left(\frac{h}{\tan\beta}+b,h\right)$、

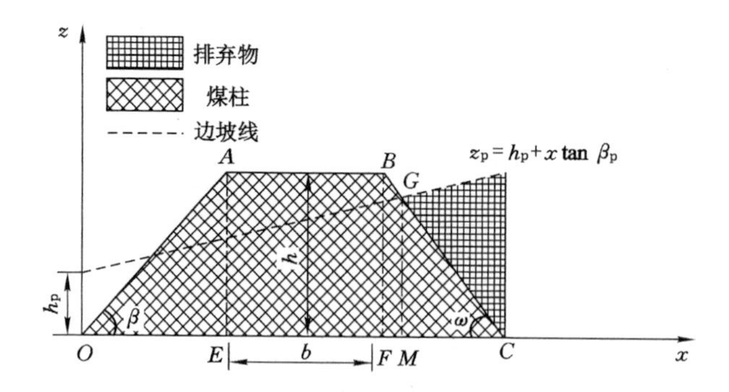

图 2-7 水平基底条件下排土发展至支挡煤柱侧面时的分区示意图

$E\left(\frac{h}{\tan\beta},0\right)$、$F\left(\frac{h}{\tan\beta}+b,0\right)$、$C\left(\frac{h}{\tan\beta}+b+\frac{h}{\tan\omega},0\right)$。

由于梯形 $BFMG$ 区及三角形 GMC 区的煤柱高度方程可以用三角形 BFC 区煤柱高度方程统一表示，因此，AOE 区煤柱高度方程 $H_{\mathrm{I}}(x)$、$AEFB$ 区煤柱高度方程 $H_{\mathrm{II}}(x)$、BFC 区煤柱高度方程 $H_{\mathrm{III}}(x)$ 分别为：

$$\begin{cases} H_{\mathrm{I}}(x)=x\tan\beta & \left[x\subseteq\left(0,\frac{h}{\tan\beta}\right)\right] \\ H_{\mathrm{II}}(x)=h & \left[x\subseteq\left[\frac{h}{\tan\beta},\frac{h}{\tan\beta}+b\right)\right] \\ H_{\mathrm{III}}(x)=\left(\frac{h}{\tan\omega}+\frac{h}{\tan\beta}+b-x\right)\tan\omega & \left[x\subseteq\left(\frac{h}{\tan\beta}+b,\frac{h}{\tan\omega}+\frac{h}{\tan\beta}+b\right)\right] \end{cases} \tag{2-10}$$

假设内排土场边坡角为 β_p，内排土场边坡线的纵截距为 h_p，则内排土场边坡线方程为：

$$z_p=h_p+x\tan\beta_p \tag{2-11}$$

内排土场边坡线与煤柱的交点 G 的方程为：

$$\left(\frac{h}{\tan\omega}+\frac{h}{\tan\beta}+b\right)\tan\omega-x\tan\omega=h_p+x\tan\beta_p \tag{2-12}$$

则交点 G 坐标为：

$$\left(\frac{\left(\frac{h}{\tan\omega}+\frac{h}{\tan\beta}+b\right)\tan\omega-h_p}{\tan\beta_p+\tan\omega},h_p+\frac{\left(\frac{h}{\tan\omega}+\frac{h}{\tan\beta}+b\right)\tan\omega-h}{\tan\beta_p+\tan\omega}\tan\beta_p\right)$$

(1) 侧界面抗剪力

由于三角形 AOE 区、矩形 $AEFB$ 区、梯形 $BFMG$ 区的侧界面抗剪力仅受煤柱自重影响，但是三角形 GMC 区侧界面抗剪力还受排弃物料荷载影响。当煤柱重度与排弃物料重度为定值时，前三个区域的侧界面任意点(x,z)的竖向应力与煤柱高度(z)有关，后一个区域的侧界面任意点(x,z)的竖向应力还与煤柱上方的排弃物料高度有关。因此根据煤柱高度方程与内排土场边坡线方程求出三角形 AOE 区、矩形 $AEFB$ 区、梯形 $BFMG$

区。三角形 GMC 区任意点 (x,z) 的竖向应力 $\sigma_{\mathrm{VI}}(x)$、$\sigma_{\mathrm{VII}}(x)$、$\sigma_{\mathrm{VIII}}(x)$、$\sigma_{\mathrm{VIII}}'(x)$ 分别为：

$$
\begin{cases}
\sigma_{\mathrm{VI}}(x) = \gamma_{\mathrm{m}}[H_{\mathrm{I}}(x) - z] \\
\sigma_{\mathrm{VII}}(x) = \gamma_{\mathrm{m}}[H_{\mathrm{II}}(x) - z] \\
\sigma_{\mathrm{VIII}}(x) = \gamma_{\mathrm{m}}[H_{\mathrm{III}}(x) - z] \\
\sigma_{\mathrm{VIII}}'(x) = \gamma_{\mathrm{m}}[H_{\mathrm{III}}(x) - z] + \gamma_{\mathrm{p}}[z_{\mathrm{p}} - H_{\mathrm{III}}(x)]
\end{cases}
\tag{2-13}
$$

式中　γ_{m}——煤的重度，$\mathrm{kN/m^3}$；

γ_{p}——排弃物料的重度，$\mathrm{kN/m^3}$。

基于弹性力学理论，根据岩体泊松效应，求出支挡煤柱三角形 AOE 区、矩形 $AEFB$ 区、梯形 $BFMG$ 区及三角形 GMC 区任意点 (x,z) 的水平应力 $\sigma_{\mathrm{VI}}(x)$、$\sigma_{\mathrm{VII}}(x)$、$\sigma_{\mathrm{VII}}(x)$、$\sigma_{\mathrm{VIII}}'(x)$：

$$
\begin{cases}
\sigma_{\mathrm{VI}}(x) = k\gamma_{\mathrm{m}}[H_{\mathrm{I}}(x) - z] \\
\sigma_{\mathrm{VII}}(x) = k\gamma_{\mathrm{m}}[H_{\mathrm{II}}(x) - z] \\
\sigma_{\mathrm{VII}}(x) = k\gamma_{\mathrm{m}}[H_{\mathrm{III}}(x) - z] \\
\sigma_{\mathrm{VII}}'(x) = k\{\gamma_{\mathrm{m}}[H_{\mathrm{III}}(x) - z] + \gamma_{\mathrm{p}}[z_{\mathrm{p}} - H_{\mathrm{III}}(x)]\}
\end{cases}
\tag{2-14}
$$

基于莫尔-库仑强度准则[111-113]，求出支挡煤柱三角形 AOE 区、矩形 $AEFB$ 区、梯形 $BFMG$ 区及三角形 GMC 区任意点 (x,z) 的抗剪强度 $\tau_{\mathrm{I}}(x)$、$\tau_{\mathrm{II}}(x)$、$\tau_{\mathrm{III}}(x)$、$\tau_{\mathrm{III}}'(x)$：

$$
\begin{cases}
\tau_{\mathrm{I}}(x) = \tan\varphi_{\mathrm{m}}\, k\gamma_{\mathrm{m}}[H_{\mathrm{I}}(x) - z] + c_{\mathrm{m}} \\
\tau_{\mathrm{II}}(x) = \tan\varphi_{\mathrm{m}} k\gamma_{\mathrm{m}}[H_{\mathrm{II}}(x) - z] + c_{\mathrm{m}} \\
\tau_{\mathrm{III}}(x) = \tan\varphi_{\mathrm{m}} k\gamma_{\mathrm{m}}[H_{\mathrm{III}}(x) - z] + c_{\mathrm{m}} \\
\tau_{\mathrm{III}}'(x) = \tan\varphi_{\mathrm{m}} k\{\gamma_{\mathrm{m}}[H_{\mathrm{III}}(x) - z] + \gamma_{\mathrm{p}}[z_{\mathrm{p}} - H_{\mathrm{III}}(x)]\} + c_{\mathrm{m}}
\end{cases}
\tag{2-15}
$$

对支挡煤柱各区域的侧界面抗剪强度进行面积积分，即可得到各区域侧界面的抗剪力。则三角形 AOE 区侧界面抗剪力 T_{I} 为：

$$
\begin{aligned}
T_{\mathrm{I}} &= \int_0^h \int_{\frac{z}{\tan\beta}}^{\frac{h}{\tan\beta}} \tan\varphi_{\mathrm{m}} k\gamma_{\mathrm{m}}[H_{\mathrm{I}}(x) - z] + c_{\mathrm{m}}\,\mathrm{d}x\mathrm{d}z \\
&= \int_0^h \int_{\frac{z}{\tan\beta}}^{\frac{h}{\tan\beta}} \tan\varphi_{\mathrm{m}} k\gamma_{\mathrm{m}}(x\tan\beta - z) + c_{\mathrm{m}}\,\mathrm{d}x\mathrm{d}z \\
&= \frac{k\gamma_{\mathrm{m}}\tan\varphi_{\mathrm{m}} h^3}{6\tan\beta} + \frac{c_{\mathrm{m}} h^2}{2\tan\beta}
\end{aligned}
\tag{2-16}
$$

矩形 $AEFB$ 区侧界面抗剪力 T_{II} 为：

$$
T_{\mathrm{II}} = \int_0^h \int_{\frac{h}{\tan\beta}}^{\frac{h}{\tan\beta}+b} \tan\varphi_{\mathrm{m}} k\gamma_{\mathrm{m}}[H_{\mathrm{II}}(x) - z] + c_{\mathrm{m}}\,\mathrm{d}x\mathrm{d}z
$$

$$
T_{\mathrm{II}} = \int_0^h \int_{\frac{h}{\tan\beta}}^{\frac{h}{\tan\beta}+b} \tan\varphi_{\mathrm{m}} k\gamma_{\mathrm{m}}(h - z) + c_{\mathrm{m}}\,\mathrm{d}x\mathrm{d}z = k\tan\varphi_{\mathrm{m}}\gamma_{\mathrm{m}}\frac{bh^2}{2} + bc_{\mathrm{m}}h
\tag{2-17}
$$

梯形 $BFMG$ 区侧界面抗剪力 T_{III} 为：

$$
T_{\mathrm{III}} = \int_{\frac{h}{\tan\beta}+b}^{\frac{\left(\frac{h}{\tan\omega}+\frac{h}{\tan\beta}+b\right)\tan\omega - h_{\mathrm{p}}}{\tan\beta_{\mathrm{p}}+\tan\omega}} \int_0^{\left(\frac{h}{\tan\omega}+\frac{h}{\tan\beta}+b-x\right)\tan\omega} \tan\varphi_{\mathrm{m}} k\gamma_{\mathrm{m}}[H_{\mathrm{III}}(x) - z] + c_{\mathrm{m}}\,\mathrm{d}z\mathrm{d}x
$$

$$= \int_{A_{11}}^{A_{13}} \int_{0}^{A_{12}A_{14}} \tan \varphi_m k\gamma_m [(A_{12} - x)A_{14} - z] + c_m \mathrm{d}z\mathrm{d}x$$

$$= \frac{k\tan \varphi_m \gamma_m}{6} A_{14}^2 (A_{13} - A_{11})[A_{11}^2 + A_{11}(A_{13} - 3A_{12}) + 3A_{12}^2 - 3A_{12}A_{13} + A_{13}^2]$$

$$+ \frac{c_m}{2} A_{14}(A_{11} - A_{13})(A_{11} - 2A_{12} + A_{13}) \tag{2-18}$$

式中，$A_{11} = \frac{h}{\tan \beta} + b$；$A_{12} = \frac{h}{\tan \omega} + \frac{h}{\tan \beta} + b$；$A_{13} = \frac{A_{12}\tan \omega - h_p}{\tan \beta_p + \tan \omega}$；$A_{14} = \tan \omega$。

三角形 *GMC* 区侧界面抗剪力 $T_{Ⅲ}'$为：

$$T_{Ⅲ}' = \int_{\frac{\left(\frac{h}{\tan \omega} + \frac{h}{\tan \beta} + b\right)\tan \omega - h_p}{\tan \beta_p + \tan \omega}}^{\frac{h}{\tan \omega} + \frac{h}{\tan \beta} + b} \int_{0}^{\left(\frac{h}{\tan \omega} + \frac{h}{\tan \beta} + b - x\right)\tan \omega} \tan \varphi_m k\{\gamma_m [H_{Ⅲ}(x) - z] + \gamma_p [z_p - H_{Ⅲ}(x)]\}$$

$$+ c_m \mathrm{d}z\mathrm{d}x$$

$$= \int_{A_{13}}^{A_{12}} \int_{0}^{(A_{12}-x)A_{14}} \tan \varphi_m k\gamma_m [A_{14}(A_{12} - x) - z] + \tan \varphi_m k\gamma_p [z_p - A_{14}(A_{12} - x)] + c_m \mathrm{d}z x$$

$$= \frac{k\tan \varphi_m}{6} \{\gamma_m A_{14}^2 (A_{12} - A_{13})^3 + \gamma_p A_{14} (A_{12} - A_{13})^2$$

$$[2A_{13}(A_{14} + A_{15}) + A_{12}(A_{15} - 2A_{14}) + 3h_p]\} + \frac{c_m}{2} A_{14}(A_{12} - A_{13})^2 \tag{2-19}$$

式中，$A_{15} = \tan \beta_p$。

基于式(2-16)至式(2-19)和 $T_1 = T_2$ 可得到排土发展至支挡煤柱侧面时侧界面抗剪力 T：

$$T = 2T_1 = 2(T_Ⅰ + T_Ⅱ + T_Ⅲ + T_Ⅲ') \tag{2-20}$$

(2) 底界面抗剪力 S

支挡煤柱底界面抗剪力 S 受煤柱自重和排弃物料荷载影响。当煤柱重度与排弃物料重度为定值时，前三个区域底界面任意点处的竖向应力仅与煤柱高度有关，后一个区域任意点处的底界面竖向应力还与煤柱上方排弃物料高度有关。同样，基于图 2-7 对三角形 *AOE* 区、矩形 *AEFB* 区、梯形 *BFMG* 区及三角形 *GMC* 区的底界面任意点(x,y)的竖向应力 $\sigma_{ZⅠ}(x)$、$\sigma_{ZⅡ}(x)$、$\sigma_{ZⅢ}(x)$、$\sigma_{ZⅢ}'(x)$求解，即

$$\begin{cases} \sigma_{ZⅠ}(x) = \gamma_m H_Ⅰ(x) \\ \sigma_{ZⅡ}(x) = \gamma_m H_Ⅱ(x) \\ \sigma_{ZⅢ}(x) = \gamma_m H_Ⅲ(x) \\ \sigma_{ZⅢ}'(x) = \gamma_m H_Ⅲ(x) + \gamma_p [z_p - H_Ⅲ(x)] \end{cases} \tag{2-21}$$

基于莫尔-库仑强度准则求出三角形 *AOE* 区、矩形 *AEFB* 区、梯形 *BFMG* 区及三角形 *GMC* 区的底界面任意点(x,y)处的抗剪强度 $\tau_{ZⅠ}(x)$、$\tau_{ZⅡ}(x)$、$\tau_{ZⅢ}(x)$、$\tau_{ZⅢ}'(x)$：

$$\begin{cases} \tau_{ZⅠ}(x) = \tan \varphi_j \gamma_m H_Ⅰ(x) + c_j \\ \tau_{ZⅡ}(x) = \tan \varphi_j \gamma_m H_Ⅱ(x) + c_j \\ \tau_{ZⅢ}(x) = \tan \varphi_j \gamma_m H_Ⅲ(x) + c_j \\ \tau_{ZⅢ}'(x) = \tan \varphi_j \{\gamma_m H_Ⅲ(x) + \gamma_p [z_p - H_Ⅲ(x)]\} + c_j \end{cases} \tag{2-22}$$

式中 φ_j——基底岩层的内摩擦角,(°);

c_j——基底岩层的黏聚力,kPa。

对支挡煤柱各区域的底界面抗剪强度进行面积积分,即可得到各区域底界面的抗剪力。则三角形 AOE 区底界面抗剪力 S_{I} 为:

$$S_{\mathrm{I}} = \int_0^d \int_0^{\frac{h}{\tan\beta}} \tan\varphi_j \gamma_{\mathrm{m}} H_{\mathrm{I}}(x) + c_j \mathrm{d}x\mathrm{d}y = \int_0^d \int_0^{\frac{h}{\tan\beta}} \tan\varphi_j \tan\beta \gamma_{\mathrm{m}} x + c_j \mathrm{d}x\mathrm{d}y$$
$$= \frac{dh^2\gamma_{\mathrm{m}}\tan\varphi_j}{2\tan\beta} + \frac{dhc_j}{\tan\beta} \tag{2-23}$$

矩形 $AEFB$ 区底界面抗剪力 S_{II} 为:

$$S_{\mathrm{II}} = \int_0^d \int_{\frac{h}{\tan\beta}}^{\frac{h}{\tan\beta}+b} \tan\varphi_j \gamma_{\mathrm{m}} H_{\mathrm{II}}(x) + c_j \mathrm{d}x\mathrm{d}y = \int_0^d \int_{\frac{h}{\tan\beta}}^{\frac{h}{\tan\beta}+b} \gamma_{\mathrm{m}} h\tan\varphi_j + c_j \mathrm{d}x\mathrm{d}y$$
$$= bd(h\gamma_{\mathrm{m}}\tan\varphi_j + c_j) \tag{2-24}$$

梯形 $BFMG$ 区底界面抗剪力 S_{III} 为:

$$S_{\mathrm{III}} = \int_0^d \int_{\frac{h}{\tan\beta}+b}^{\frac{\left(\frac{h}{\tan\omega}+\frac{h}{\tan\beta}+b\right)\tan\omega - h_{\mathrm{p}}}{\tan\beta_{\mathrm{p}}+\tan\omega}} \tan\varphi_j \gamma_{\mathrm{m}} H_{\mathrm{III}}(x) + c_j \mathrm{d}x\mathrm{d}y$$
$$= \int_0^d \int_{\frac{h}{\tan\beta}+b}^{\frac{\left(\frac{h}{\tan\omega}+\frac{h}{\tan\beta}+b\right)\tan\omega - h_{\mathrm{p}}}{\tan\beta_{\mathrm{p}}+\tan\omega}} \gamma_{\mathrm{m}}\tan\varphi_j \left(\frac{h}{\tan\omega} + \frac{h}{\tan\beta} + b - x\right)\tan\omega + c_j \mathrm{d}x\mathrm{d}y$$
$$= \frac{d\gamma_{\mathrm{m}}\tan\omega\tan\varphi_j}{2}(A_{11} - A_{13})(A_{11} + A_{13} - 2A_{12}) + c_j d(A_{13} - A_{12}) \tag{2-25}$$

三角形 GMC 区底界面抗剪力 S_{III}' 为:

$$S_{\mathrm{III}}' = \int_0^d \int_{\frac{\left(\frac{h}{\tan\omega}+\frac{h}{\tan\beta}+b\right)\tan\omega - h_{\mathrm{p}}}{\tan\beta_{\mathrm{p}}+\tan\omega}}^{\frac{h}{\tan\omega}+\frac{h}{\tan\beta}+b} \tan\varphi_j \{\gamma_{\mathrm{m}} H_{\mathrm{III}}(x) + \gamma_{\mathrm{p}}[z_{\mathrm{p}} - H_{\mathrm{III}}(x)]\} + c_j \mathrm{d}x\mathrm{d}z$$
$$= \int_0^d \int_{A_{13}}^{A_{12}} \tan\varphi_j \left\{ \begin{aligned} & \gamma_{\mathrm{m}}\tan\omega\left(\frac{h}{\tan\omega} + \frac{h}{\tan\beta} + b - x\right) \\ & + \gamma_{\mathrm{p}}\left[h_{\mathrm{p}} + x\tan\beta_{\mathrm{p}} - \left(\frac{h}{\tan\omega} + \frac{h}{\tan\beta} + b - x\right)\tan\omega\right] \end{aligned} \right\} + c_j \mathrm{d}x\mathrm{d}y$$
$$= \frac{d\gamma_{\mathrm{m}}\tan\varphi_j\tan\omega}{2}(A_{12} - A_{13})^2 + \frac{d\gamma_{\mathrm{p}}}{2}(A_{12} - A_{13})[A_{13}(A_{14} + A_{15})$$
$$+ A_{12}(A_{15} - A_{14}) + 2h_{\mathrm{p}}] + (A_{12} - A_{13})dc_j \tag{2-26}$$

对式(2-23)至式(2-26)求和即可获得支挡煤柱底界面抗剪力 S:

$$S = S_{\mathrm{I}} + S_{\mathrm{II}} + S_{\mathrm{III}} + S_{\mathrm{III}}' \tag{2-27}$$

基于式(2-20)与式(2-27)求解出排土发展至支挡煤柱侧面时煤柱的三维支挡效应:

$$S + T = 2(T_{\mathrm{I}} + T_{\mathrm{II}} + T_{\mathrm{III}} + T_{\mathrm{III}}') + (S_{\mathrm{I}} + S_{\mathrm{II}} + S_{\mathrm{III}} + S_{\mathrm{III}}') \tag{2-28}$$

2.3.2 排土发展至支挡煤柱顶面时的三维支挡效应

排土发展至支挡煤柱顶面与排土发展至支挡煤柱侧面的本质区别是煤柱矩形 $AEFB$ 区被划分为两个区域($AEMG$ 区与 $GMFB$ 区),远离内排土场一侧区域($AEMG$

区)的抗剪力不受排弃物料荷载影响,靠近内排土场一侧区域($GMFB$ 区)的抗剪力受排弃物料荷载影响,区域划分如图 2-8 所示。

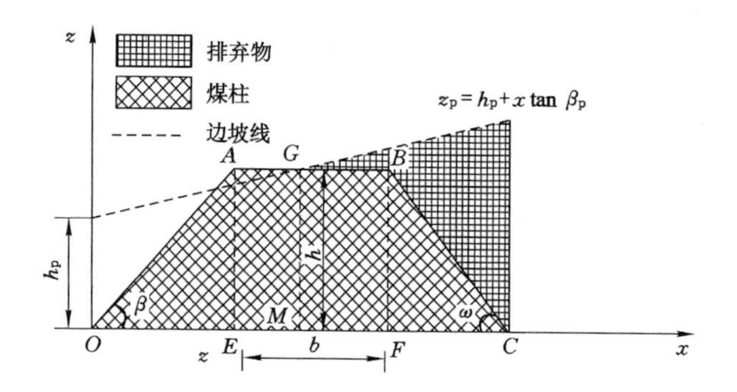

图 2-8　水平基底条件下排土发展至支挡煤柱顶面时的分区示意图

由于支挡煤柱三角形 AOE 区不受排弃物料荷载影响,只与支挡煤柱自重有关,因此,排土发展至支挡煤柱顶面时三角形 AOE 区侧界面抗剪力 $T_{2\mathrm{I}}$、底界面抗剪力 $S_{2\mathrm{I}}$ 与排土发展至支挡煤柱侧面时三角形 AOE 区侧界面抗剪力 T_{I} 及底界面抗剪力 S_{I} 相同,表达式分别为式(2-16)、式(2-23)。

内排土场边坡线与煤柱的交点 G 的方程为:

$$h = h_p + x\tan\beta_p \tag{2-29}$$

则交点 G 坐标为$\left(\dfrac{h-h_p}{\tan\beta_p}, h\right)$。

(1) 侧界面抗剪力

矩形 $AEMG$ 区、矩形 $GMBF$ 区、三角形 BFC 区任意点(x,z)的水平应力 $\sigma_{\mathrm{L}\mathrm{II}}(x)$、$\sigma_{\mathrm{L}\mathrm{II}}{}'(x)$、$\sigma_{\mathrm{L}\mathrm{III}}(x)$分别为:

$$\begin{cases}\sigma_{\mathrm{L}\mathrm{II}}(x) = k\gamma_m[H_{\mathrm{II}}(x) - z] \\ \sigma_{\mathrm{L}\mathrm{II}}{}'(x) = k\{\gamma_m[H_{\mathrm{II}}(x) - z] + \gamma_p[z_p - H_{\mathrm{II}}(x)]\} \\ \sigma_{\mathrm{L}\mathrm{III}}(x) = k\{\gamma_m[H_{\mathrm{III}}(x) - z] + \gamma_p[z_p - H_{\mathrm{III}}(x)]\}\end{cases} \tag{2-30}$$

基于莫尔-库仑强度准则求出矩形 $AEMG$ 区、矩形 $GMFB$ 区、三角形 BFC 区侧界面任意点(x,z)处的抗剪强度 $\tau_{\mathrm{II}}(x)$、$\tau_{\mathrm{II}}{}'(x)$、$\tau_{\mathrm{III}}(x)$分别为:

$$\begin{cases}\tau_{\mathrm{II}}(x) = \tan\varphi_m k\gamma_m[H_{\mathrm{II}}(x) - z] + c_m \\ \tau_{\mathrm{II}}{}'(x) = \tan\varphi_m k\{\gamma_m[H_{\mathrm{II}}(x) - z] + \gamma_p[z_p - H_{\mathrm{II}}(x)]\} + c_m \\ \tau_{\mathrm{III}}(x) = \tan\varphi_m k\{\gamma_m[H_{\mathrm{III}}(x) - z] + \gamma_p[z_p - H_{\mathrm{III}}(x)]\} + c_m\end{cases} \tag{2-31}$$

对支挡煤柱各区域的侧界面抗剪强度进行面积积分,即可得到各区域侧界面的抗剪力。矩形 $AEMG$ 区侧界面抗剪力 $T_{2\mathrm{II}}$ 为:

$$\begin{aligned} T_{2\mathrm{II}} &= \int_0^h \int_{\frac{h}{\tan\beta}}^{\frac{h-h_p}{\tan\beta_p}} \tan\varphi_m k\gamma_m[H_{\mathrm{II}}(x) - z] + c_m \mathrm{d}x\mathrm{d}z \\ &= \int_0^h \int_{\frac{h}{\tan\beta}}^{\frac{h-h_p}{\tan\beta_p}} \tan\varphi_m k\gamma_m(h - z) + c_m \mathrm{d}x\mathrm{d}z \end{aligned}$$

$$= k\tan\varphi_m\gamma_m\frac{h^2}{2}\left(\frac{h-h_p}{\tan\beta_p}-\frac{h}{\tan\beta}\right)+c_m h\left(\frac{h-h_p}{\tan\beta_p}-\frac{h}{\tan\beta}\right) \tag{2-32}$$

矩形 $GMFB$ 区侧界面抗剪力 $T_{2Ⅱ}{}'$ 为：

$$T_{2Ⅱ}{}' = \int_0^h \int_{\frac{h-h_p}{\tan\beta_p}}^{\frac{h}{\tan\beta}+b} \tan\varphi_m k\{\gamma_m[H_Ⅱ(x)-z]+\gamma_p[z_p-H_Ⅱ(x)]\}+c_m\mathrm{d}x\mathrm{d}z$$

$$= \int_0^h \int_{\frac{h-h_p}{\tan\beta_p}}^{\frac{h}{\tan\beta}+b} \tan\varphi_m k[\gamma_m(h-z)+\gamma_p(h_p+x\tan\beta_p-h)]+c_m\mathrm{d}x\mathrm{d}z$$

$$= k\tan\varphi_m\gamma_m\frac{h^2}{2}(A_{11}-A_{16})+\frac{k\tan\varphi_m\gamma_p h}{2}(A_{11}-A_{16})(A_{16}A_{15}+A_{11}A_{15}-2h+2h_p)$$

$$+c_m h(A_{11}-A_{16}) \tag{2-33}$$

式中，$A_{16}=\dfrac{h-h_p}{\tan\beta_p}$。

三角形 BFC 区侧界面抗剪力 $T_{2Ⅲ}$ 为：

$$T_{2Ⅲ} = \int_{\frac{h}{\tan\beta}+b}^{\frac{h}{\tan\omega}+\frac{h}{\tan\beta}+b} \int_0^{\left(\frac{h}{\tan\omega}+\frac{h}{\tan\beta}+b-x\right)\tan\omega} \tan\varphi_m k\{\gamma_m[H_Ⅲ(x)-z]+\gamma_p[z_p-H_Ⅲ(x)]\}+c_m\mathrm{d}z\mathrm{d}x$$

$$= \int_{\frac{h}{\tan\beta}+b}^{\frac{h}{\tan\omega}+\frac{h}{\tan\beta}+b} \int_0^{\left(\frac{h}{\tan\omega}+\frac{h}{\tan\beta}+b-x\right)\tan\omega} \tan\varphi_m k\left\{\gamma_m\left[\left(\frac{h}{\tan\omega}+\frac{h}{\tan\beta}+b-x\right)\tan\omega-z\right]\right.$$

$$\left.+\gamma_p\left[z_p-\left(\frac{h}{\tan\omega}+\frac{h}{\tan\beta}+b-x\right)\tan\omega\right]\right\}+c_m\mathrm{d}z\mathrm{d}x$$

$$= \frac{k\tan\varphi_m}{6}\{\gamma_m A_{14}^2(A_{12}-A_{11})^3+\gamma_p(A_{12}-A_{11})^2[2A_{11}(A_{14}+A_{15})+A_{12}(A_{15}-2A_{14})+3h_p]\}$$

$$+\frac{c_m}{2}A_{14}(A_{12}-A_{11})^2 \tag{2-34}$$

基于式(2-16)、式(2-32)至式(2-34)、$T_1=T_2$，即可获得排土发展至支挡煤柱顶面时的侧界面抗剪力 T：

$$T=2(T_Ⅰ+T_{2Ⅱ}+T_{2Ⅱ}{}'+T_{2Ⅲ}) \tag{2-35}$$

(2) 底界面抗剪力 S

基于图 2-8 对矩形 $AEMG$ 区、矩形 $GMFB$ 区及三角形 BFC 区的底界面任意点 (x,y) 的竖向应力 $\sigma_{ZⅡ}(x)$、$\sigma_{ZⅡ}{}'(x)$、$\sigma_{ZⅢ}(x)$ 进行求解。当煤柱重度与排弃物料重度为定值时，竖向应力只与煤柱高度和上方排弃物料高度有关，即

$$\begin{cases}\sigma_{ZⅡ}(x)=\gamma_m H_Ⅱ(x)\\ \sigma_{ZⅡ}{}'(x)=\gamma_m H_Ⅱ(x)+\gamma_p[z_p-H_Ⅱ(x)]\\ \sigma_{ZⅢ}(x)=\gamma_m H_Ⅲ(x)+\gamma_p[z_p-H_Ⅲ(x)]\end{cases} \tag{2-36}$$

基于莫尔-库仑强度准则求出矩形 $AEMG$ 区、矩形 $GMFB$ 区及三角形 BFC 区的底界面任意点 (x,y) 处的抗剪强度 $\tau_{ZⅡ}(x)$、$\tau_{ZⅡ}{}'(x)$、$\tau_{ZⅢ}(x)$ 为：

$$\begin{cases}\tau_{ZⅡ}(x)=\tan\varphi_j\gamma_m H_Ⅱ(x)+c_j\\ \tau_{ZⅡ}{}'(x)=\tan\varphi_j\{\gamma_m H_Ⅱ(x)+\gamma_p[z_p-H_Ⅱ(x)]\}+c_j\\ \tau_{ZⅢ}(x)=\tan\varphi_j\{\gamma_m H_Ⅲ(x)+\gamma_p[z_p-H_Ⅲ(x)]\}+c_j\end{cases} \tag{2-37}$$

对支挡煤柱各区域的底界面抗剪强度进行面积积分即可得到各区域底界面的抗剪力。

矩形 $AEMG$ 区底界面抗剪力 $S_{2\text{II}}$ 为：

$$\begin{aligned} S_{2\text{II}} &= \int_0^d \int_{\frac{h}{\tan\beta}}^{\frac{h-h_p}{\tan\beta_p}} \tan\varphi_j \gamma_m H_{\text{II}}(x) + c_j \mathrm{d}x\mathrm{d}y = \int_0^d \int_{\frac{h}{\tan\beta}}^{\frac{h-h_p}{\tan\beta_p}} \gamma_m h \tan\varphi_j + c_j \mathrm{d}x\mathrm{d}y \\ &= d(A_{16} - A_{17})(h\gamma_m \tan\varphi_j + c_j) \end{aligned} \tag{2-38}$$

式中，$A_{17} = \dfrac{h}{\tan\beta}$。

矩形 $GMFB$ 区底界面抗剪力 $S_{2\text{II}}{}'$为：

$$\begin{aligned} S_{2\text{II}}{}' &= \int_0^d \int_{\frac{h-h_p}{\tan\beta_p}}^{\frac{h}{\tan\beta}+b} \tan\varphi_j \{\gamma_m H_{\text{II}}(x) + \gamma_p[z_p - H_{\text{II}}(x)]\} + c_j \mathrm{d}x\mathrm{d}y \\ &= \int_0^d \int_{\frac{h-h_p}{\tan\beta_p}}^{\frac{h}{\tan\beta}+b} \tan\varphi_j [\gamma_m h + \gamma_p(h_p + x\tan\beta_p - h)] + c_j \mathrm{d}x\mathrm{d}y \\ &= \tan\varphi_j \gamma_m h d(A_{11} - A_{16}) + \gamma_p \tan\varphi_j d\left[\frac{A_{15}}{2}(A_{11}^2 - A_{16}^2) + (A_{11} - A_{16})(h_p - h)\right] \\ &\quad + dc_j(A_{11} - A_{16}) \end{aligned} \tag{2-39}$$

三角形 BFC 区底界面抗剪力 $S_{2\text{III}}$ 为：

$$\begin{aligned} S_{2\text{III}} &= \int_0^d \int_{\frac{h}{\tan\beta}+b}^{\frac{h}{\tan\beta}+\frac{h}{\tan\omega}+b} \tan\varphi_j \{\gamma_m H_{\text{III}}(x) + \gamma_p[z_p - H_{\text{III}}(x)]\} + c_j \mathrm{d}x\mathrm{d}y \\ &= \int_0^d \int_{\frac{h}{\tan\beta}+b}^{\frac{h}{\tan\beta}+\frac{h}{\tan\omega}+b} \tan\varphi_j \Bigg\{\gamma_m\left(\frac{h}{\tan\omega} + \frac{h}{\tan\beta} + b - x\right)\tan\omega \\ &\quad + \gamma_p\left[h_p + x\tan\beta_p - \left(\frac{h}{\tan\omega} + \frac{h}{\tan\beta} + b - x\right)\tan\omega\right]\Bigg\} + c_j \mathrm{d}x\mathrm{d}y \\ &= \frac{d\gamma_m \tan\varphi_j h^2}{2\tan\omega} + \frac{db\gamma_p \tan\varphi_j}{2}[A_{11}(A_{14} + A_{15}) + A_{12}(A_{15} - A_{14}) + 2h_p] + \frac{hdc_j}{\tan\omega} \end{aligned} \tag{2-40}$$

基于式(2-23)、式(2-38)至式(2-40)求和可得支挡煤柱底界面抗剪力 S：

$$S = S_{\text{I}} + S_{2\text{II}} + S_{2\text{II}}{}' + S_{2\text{III}} \tag{2-41}$$

基于式(2-35)与式(2-41)求得排土发展至支挡煤柱顶面时的三维支挡效应：

$$S + T = 2(T_{\text{I}} + T_{2\text{II}} + T_{2\text{II}}{}' + T_{2\text{III}}) + (S_{\text{I}} + S_{2\text{II}} + S_{2\text{II}}{}' + S_{2\text{III}}) \tag{2-42}$$

2.3.3 排土发展过整个支挡煤柱时的三维支挡效应

排土发展过整个支挡煤柱时每个区域的侧界面抗剪力与底界面抗剪力均受煤柱自重与排弃物料荷载影响，因此将支挡煤柱划分为三个区域，分别为三角形 AOE 区、矩形 $AEFB$ 区、三角形 BFC 区，分区示意图如图 2-9 所示。

由于排土发展过支挡煤柱时三角形 BFC 区与排土发展至支挡煤柱顶面时三角形 BFC 区的区别是内排土场边坡线方程的控制参数和积分区域数值。而侧界面与底界面

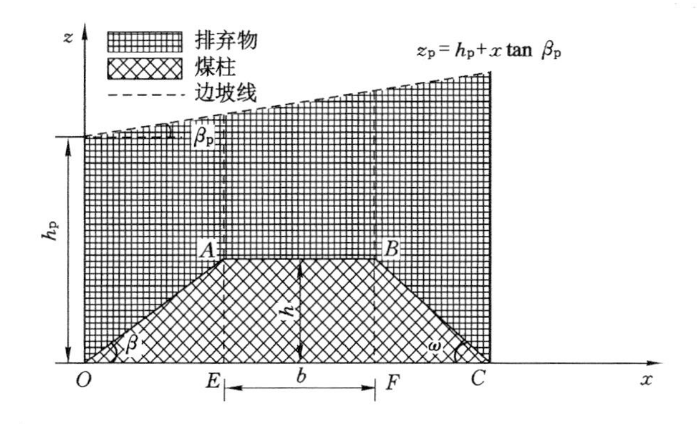

图 2-9 水平基底条件下排土发展过支挡煤柱时的分区示意图

抗剪力的求解方程没有改变，因此排土发展过支挡煤柱时三角形 BFC 区的侧界面与底界面抗剪力的求解方程仍为式(2-34)和式(2-40)。

(1) 侧界面抗剪力 T

三角形 AOE 区和矩形 $AEFB$ 区任意点的水平应力 $\sigma_{L\mathrm{I}}(x)$、$\sigma_{L\mathrm{II}}(x)$为：

$$\begin{cases}\sigma_{L\mathrm{I}}(x)=k\{\gamma_m[H_{\mathrm{I}}(x)-z]+\gamma_p[z_p-H_{\mathrm{I}}(x)]\}\\ \sigma_{L\mathrm{II}}(x)=k\{\gamma_m[H_{\mathrm{II}}(x)-z]+\gamma_p[z_p-H_{\mathrm{II}}(x)]\}\end{cases}\tag{2-43}$$

基于莫尔-库仑强度准则求出三角形 AOE 区和矩形 $AEFB$ 区侧界面任意点的抗剪强度 $\tau_{\mathrm{I}}(x)$、$\tau_{\mathrm{II}}(x)$为：

$$\begin{cases}\tau_{\mathrm{I}}(x)=\tan\varphi_m k\{\gamma_m[H_{\mathrm{I}}(x)-z]+\gamma_p[z_p-H_{\mathrm{I}}(x)]\}+c_m\\ \tau_{\mathrm{II}}(x)=\tan\varphi_m k\{\gamma_m[H_{\mathrm{II}}(x)-z]+\gamma_p[z_p-H_{\mathrm{II}}(x)]\}+c_m\end{cases}\tag{2-44}$$

对支挡煤柱各区域的侧界面抗剪强度进行面积积分，即可得到各区域侧界面的抗剪力。三角形 AOE 区侧界面抗剪力 $T_{3\mathrm{I}}$ 为：

$$\begin{aligned}T_{3\mathrm{I}}&=\int_0^h\int_{\frac{z}{\tan\beta}}^{\frac{h}{\tan\beta}}\tan\varphi_m k\{\gamma_m[H_{\mathrm{I}}(x)-z]+\gamma_p[z_p-H_{\mathrm{I}}(x)]\}+c_m\mathrm{d}x\mathrm{d}z\\&=\int_0^h\int_{\frac{z}{\tan\beta}}^{\frac{h}{\tan\beta}}\tan\varphi_m k[\gamma_m(x\tan\beta-z)+\gamma_p(h_p+x\tan\beta_p-x\tan\beta)]+c_m\mathrm{d}x\mathrm{d}z\\&=\frac{k\gamma_m\tan\varphi_m h^3}{6\tan\beta}+\frac{k\tan\varphi_m\gamma_p h^2(3h_p\tan\beta-2h\tan\beta+2h\tan\beta_p)}{6\tan^2\beta}+\frac{c_m h^2}{2\tan\beta}\end{aligned}\tag{2-45}$$

矩形 $AEFB$ 区侧界面抗剪力 $T_{3\mathrm{II}}$ 为：

$$\begin{aligned}T_{3\mathrm{II}}&=\int_0^h\int_{\frac{h}{\tan\beta}}^{\frac{h}{\tan\beta}+b}\tan\varphi_m k[\gamma_m(h-z)+\gamma_p(h_p+x\tan\beta_p-h)]+c_m\mathrm{d}x\mathrm{d}z\\&=k\tan\varphi_m\gamma_m\frac{h^2b}{2}+\frac{\tan\varphi_m k\gamma_p hb}{2}(A_{17}A_{15}+A_{11}A_{15}-2h+2h_p)+c_m hb\end{aligned}\tag{2-46}$$

基于式(2-34)、式(2-45)、式(2-46)、$T_1=T_2$，即可求得排土发展过整个支挡煤柱时侧界面抗剪力 T：

$$T = 2(T_{2\mathrm{III}} + T_{3\mathrm{I}} + T_{3\mathrm{II}}) \tag{2-47}$$

(2) 底界面抗剪力 S

前文已分析三角形 BFC 区的底界面抗剪力的求解方程为式(2-40)。同样,可基于图 2-9 对三角形 AOE 区和矩形 $AEFB$ 区的底界面任意点的竖向应力 $\sigma_{Z\mathrm{I}}(x)$、$\sigma_{Z\mathrm{II}}(x)$ 求解:

$$\begin{cases}\sigma_{Z\mathrm{I}}(x) = \gamma_{\mathrm{m}} H_{\mathrm{I}}(x) + \gamma_{\mathrm{p}}[z_{\mathrm{p}} - H_{\mathrm{I}}(x)] \\ \sigma_{Z\mathrm{II}}(x) = \gamma_{\mathrm{m}} H_{\mathrm{II}}(x) + \gamma_{\mathrm{p}}[z_{\mathrm{p}} - H_{\mathrm{II}}(x)]\end{cases} \tag{2-48}$$

基于莫尔-库仑强度准则求出三角形 AOE 区和矩形 $AEFB$ 区的底界面任意点的抗剪强度 $\tau_{Z\mathrm{I}}(x)$、$\tau_{Z\mathrm{II}}(x)$:

$$\begin{cases}\tau_{Z\mathrm{I}}(x) = \tan\varphi_j\{\gamma_{\mathrm{m}} H_{\mathrm{I}}(x) + \gamma_{\mathrm{p}}[z_{\mathrm{p}} - H_{\mathrm{I}}(x)]\} + c_j \\ \tau_{Z\mathrm{II}}(x) = \tan\varphi_j\{\gamma_{\mathrm{m}} H_{\mathrm{II}}(x) + \gamma_{\mathrm{p}}[z_{\mathrm{p}} - H_{\mathrm{II}}(x)]\} + c_j\end{cases} \tag{2-49}$$

对支挡煤柱各区域的底界面抗剪强度进行面积积分,即可得到各区域底界面的抗剪力。三角形 AOE 区底界面抗剪力 $S_{3\mathrm{I}}$ 为:

$$\begin{aligned} S_{3\mathrm{I}} &= \int_0^d \int_0^{\frac{h}{\tan\beta}} \tan\varphi_j\{\gamma_{\mathrm{m}} H_{\mathrm{I}}(x) + \gamma_{\mathrm{p}}[z_{\mathrm{p}} - H_{\mathrm{I}}(x)]\} + c_j \mathrm{d}x\mathrm{d}y \\ &= \int_0^d \int_0^{\frac{h}{\tan\beta}} \tan\varphi_j[\gamma_{\mathrm{m}} x\tan\beta + \gamma_{\mathrm{p}}(h_{\mathrm{p}} + x\tan\beta_{\mathrm{p}} - x\tan\beta)] + c_j \mathrm{d}x\mathrm{d}y \\ &= \frac{dh^2\gamma_{\mathrm{m}}\tan\varphi_j}{2\tan\beta} + \frac{dhc_j}{\tan\beta} + d\tan\varphi_j\gamma_{\mathrm{p}}\left[\frac{1}{2}\left(\frac{h}{\tan\beta}\right)^2(\tan\beta_{\mathrm{p}} - \tan\beta) + \frac{h}{\tan\beta}h_{\mathrm{p}}\right] \end{aligned} \tag{2-50}$$

矩形 $AEFB$ 区底界面抗剪力 $S_{3\mathrm{II}}$ 为:

$$\begin{aligned} S_{3\mathrm{II}} &= \int_0^d \int_{\frac{h}{\tan\beta}}^{\frac{h}{\tan\beta}+b} \tan\varphi_j\{\gamma_{\mathrm{m}} H_{\mathrm{II}}(x) + \gamma_{\mathrm{p}}[z_{\mathrm{p}} - H_{\mathrm{II}}(x)]\} + c_j \mathrm{d}x\mathrm{d}y \\ &= \int_0^d \int_{\frac{h}{\tan\beta}}^{\frac{h}{\tan\beta}+b} \tan\varphi_j[\gamma_{\mathrm{m}} h + \gamma_{\mathrm{p}}(h_{\mathrm{p}} + x\tan\beta_{\mathrm{p}} - h)] + c_j \mathrm{d}x\mathrm{d}y \\ &= bd(h\gamma_{\mathrm{m}}\tan\varphi_j + c_j) + d\tan\varphi_j\gamma_{\mathrm{p}} b\left[\left(\frac{h}{\tan\beta} + b + \frac{h}{\tan\beta}\right)\tan\beta_{\mathrm{p}} - 2h + 2h_{\mathrm{p}}\right] \end{aligned} \tag{2-51}$$

基于式(2-40)、式(2-50)、式(2-51)求和可得到支挡煤柱底界面抗剪力 S:

$$S = S_{3\mathrm{I}} + S_{3\mathrm{II}} + S_{2\mathrm{III}} \tag{2-52}$$

基于式(2-47)与式(2-52)求解出排土发展过整个支挡煤柱时的三维支挡效应:

$$S + T = 2(T_{3\mathrm{I}} + T_{3\mathrm{II}} + T_{2\mathrm{III}}) + (S_{3\mathrm{I}} + S_{3\mathrm{II}} + S_{2\mathrm{III}}) \tag{2-53}$$

综上所述,已对水平基底内排土场发展至不同工程位置时的支挡煤柱三维效应进行详细研究,推导出了煤柱三维支挡效应的数学表达式,实现了对水平基底内排土场支挡煤柱力学效应的定量表征。

2.4 顺倾基底内排土场支挡煤柱三维力学效应

基于水平基底内排土场支挡煤柱力学效应研究成果,引入新的参数——基底倾角 α,对顺倾基底内排土场支挡煤柱三维力学效应展开研究。

顺倾基底内排土场支挡煤柱力学效应研究同样要兼顾内排土场发展的工程位置,对3种工况时的侧界面抗剪力 T 与底界面抗剪力 S 进行求解:

① 工况1:排土发展至支挡煤柱侧面;

② 工况2:排土发展至支挡煤柱顶面;

③ 工况3:排土发展过整个支挡煤柱。

3种工况时的断面示意图如图2-10所示。支挡煤柱顶面角点 B、A 分别为工况1与工况2和工况2与工况3的分界点。

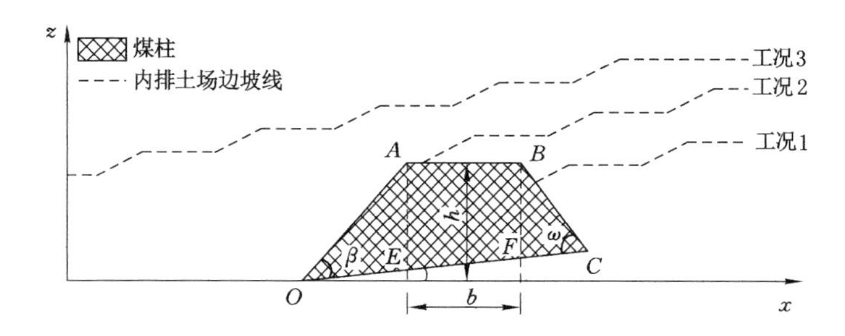

图2-10 基底顺倾3种工况时的断面示意图

根据煤柱形态参数,建立 AOE 区煤柱高度方程 $H_{\mathrm{I}}(x)$、$AEBF$ 区煤柱高度方程 $H_{\mathrm{II}}(x)$、BFC 区煤柱高度方程 $H_{\mathrm{III}}(x)$,即

$$\begin{cases} H_{\mathrm{I}}(x)=x\tan(\beta+\alpha) \quad \left(x\subseteq\left[0,\dfrac{h}{\tan(\beta+\alpha)}\right]\right) \\ H_{\mathrm{II}}(x)=h \quad \left(x\subseteq\left[\dfrac{h}{\tan(\beta+\alpha)},b+\dfrac{h}{\tan(\beta+\alpha)}\right]\right) \\ H_{\mathrm{III}}(x)=h+\left[b+\dfrac{h}{\tan(\beta+\alpha)}-x\right]\tan(\omega-\alpha) \\ \qquad\left(x\subseteq\left\{b+\dfrac{h}{\tan(\beta+\alpha)},\dfrac{h+\left[\dfrac{h}{\tan(\beta+\alpha)}+b\right]\tan(\omega-\alpha)}{\tan(\omega-\alpha)+\tan\alpha}\right\}\right) \end{cases} \tag{2-54}$$

内排土场边坡线方程 z_{p} 及基底方程 $H_{\mathrm{d}}(x)$ 为:

$$\begin{cases} z_{\mathrm{p}}=h_{\mathrm{p}}+x\tan\beta_{\mathrm{p}} \\ H_{\mathrm{d}}(x)=x\tan\alpha \quad \left(x\subseteq\left[0,\dfrac{h+\left[\dfrac{h}{\tan(\beta+\alpha)}+b\right]\tan(\omega-\alpha)}{\tan(\omega-\alpha)+\tan\alpha}\right]\right) \end{cases} \tag{2-55}$$

2.4.1 排土发展至支挡煤柱侧面时的三维支挡效应

以煤柱底界面外侧角点为坐标原点，将梯形断面划分为四个区域，分别为三角形 AOE 区、梯形 $AEFB$ 区、四边形 $BFMG$ 区及三角形 GMC 区，区域划分如图 2-11 所示。各区域竖向应力、水平应力、抗剪强度的计算方法与 2.3.1 节的计算方法相同，只是力学边界条件不同，在此不再列出，直接求解各区域的侧界面抗剪力 T。

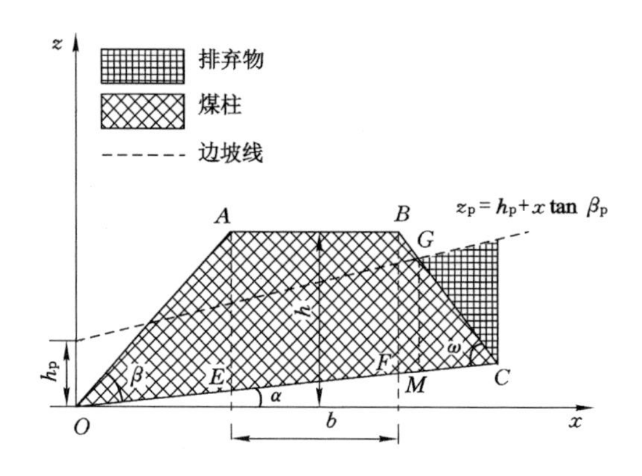

图 2-11 顺倾基底排土发展至支挡煤柱侧面时的分区示意图

内排土场边坡线与煤柱交点方程为：

$$h + \left[b + \frac{h}{\tan(\beta+\alpha)} - x\right]\tan(\omega-\alpha) = h_p + x\tan\beta_p \tag{2-56}$$

则交点 G 坐标为：

$$\left(\frac{h+\left[\frac{h}{\tan(\beta+\alpha)}+b\right]\tan(\omega-\alpha)-h_p}{\tan\beta_p+\tan(\omega-\alpha)},\ h_p+\frac{h+\left[\frac{h}{\tan(\beta+\alpha)}+b\right]\tan(\omega-\alpha)-h_p}{\tan\beta_p+\tan(\omega-\alpha)}\tan\beta_p\right)$$

(1) 侧界面抗剪力 T

三角形 AOE 区侧界面抗剪力 T_{I} 为：

$$\begin{aligned}T_{\mathrm{I}} &= \int_0^{\frac{h}{\tan(\beta+\alpha)}}\int_{x\tan\alpha}^{x\tan(\beta+\alpha)} \tan\varphi_m k\gamma_m[H_{\mathrm{I}}(x)-z]+c_m\,\mathrm{d}z\mathrm{d}x \\ &= \int_0^{\frac{h}{\tan(\beta+\alpha)}}\int_{x\tan\alpha}^{x\tan(\beta+\alpha)} \tan\varphi_m k\gamma_m[\tan(\beta+\alpha)x-z]+c_m\,\mathrm{d}z\mathrm{d}x \\ &= \frac{kh^3\tan\varphi_m\gamma_m}{6\tan^3(\beta+\alpha)}[\tan(\beta+\alpha)-\tan\alpha]^2+\frac{c_m h^2}{2\tan^2(\beta+\alpha)}[\tan(\beta+\alpha)-\tan\alpha]\end{aligned} \tag{2-57}$$

梯形 $AEBF$ 区侧界面抗剪力 T_{II} 为：

$$\begin{aligned}T_{\mathrm{II}} &= \int_{\frac{h}{\tan(\beta+\alpha)}}^{\frac{h}{\tan(\beta+\alpha)}+b}\int_{x\tan\alpha}^{h} \tan\varphi_m k\gamma_m[H_{\mathrm{II}}(x)-z]+c_m\,\mathrm{d}z\mathrm{d}x \\ &= \int_{\frac{h}{\tan(\beta+\alpha)}}^{\frac{h}{\tan(\beta+\alpha)}+b}\int_{x\tan\alpha}^{h} \tan\varphi_m k\gamma_m(h-z)+c_m\,\mathrm{d}z\mathrm{d}x\end{aligned}$$

$$= \frac{k\tan\varphi_{\mathrm{m}}\gamma_{\mathrm{m}}}{6}\left[-A_3^2A_1^3 + 3A_1^2A_3h - 3A_1h^2 + A_7(A_3^2A_7^2 - 3A_3A_7h + 3h^2)\right]$$

$$+ \frac{c_{\mathrm{m}}}{2}(A_1 - A_7)(A_1A_3 + A_3A_7 - 2h) \tag{2-58}$$

式中，$A_1 = h/\tan(\beta+\alpha)$；$A_3 = \tan\alpha$；$A_7 = h/\tan(\beta+\alpha)+b$。

四边形 $BFMG$ 区侧界面抗剪力 T_{III} 为：

$$T_{\mathrm{III}} = \int_{\frac{h}{\tan(\beta+\alpha)}+b}^{\frac{h+\left[\frac{h}{\tan(\beta+\alpha)}+b\right]\tan(\omega-\alpha)-h_{\mathrm{p}}}{\tan\beta_{\mathrm{p}}+\tan(\omega-\alpha)}} \int_{x\tan\alpha}^{h+\left[b+\frac{h}{\tan(\beta+\alpha)}-x\right]\tan(\omega-\alpha)} k\tan\varphi_{\mathrm{m}}\gamma_{\mathrm{m}}\left[H_{\mathrm{III}}(x) - z\right] + c_{\mathrm{m}}\mathrm{d}z\mathrm{d}x$$

$$= \int_{A_7}^{A_{10}}\int_{A_3x}^{-A_5x+A_6} k\tan\varphi_{\mathrm{m}}\gamma_{\mathrm{m}}\left\{h + \left[b + \frac{h}{\tan(\beta+\alpha)} - x\right]\tan(\omega-\alpha) - z\right\} + c_{\mathrm{m}}\mathrm{d}z\mathrm{d}x$$

$$= \frac{k\tan\varphi_{\mathrm{m}}\gamma_{\mathrm{m}}}{6}\left[(A_3+A_5)^2(A_{10}^3 - A_7^3) + 3A_6(A_3+A_5)(A_7^2 - A_{10}^2) + 3A_6^2(A_{10} - A_7)\right]$$

$$+ \frac{c_{\mathrm{m}}}{2}(A_7 - A_{10})\left[(A_7 + A_{10})(A_3 + A_5) - 2A_6\right] \tag{2-59}$$

式中，$A_5 = \tan(\omega-\alpha)$；$A_{10} = \{h+\tan(\omega-\alpha)[h/\tan(\beta+\alpha)+b]-h_{\mathrm{p}}\}/[\tan\beta_{\mathrm{p}}+\tan(\omega-\alpha)]$；$A_6 = h+\tan(\omega-\alpha)[h/\tan(\beta+\alpha)+b]$。

三角形 GMC 区侧界面抗剪力 T_{III}' 为：

$$T_{\mathrm{III}}' = \int_{\frac{h+\left[\frac{h}{\tan(\beta+\alpha)}+b\right]\tan(\omega-\alpha)-h_{\mathrm{p}}}{\tan\beta_{\mathrm{p}}+\tan(\omega-\alpha)}}^{\frac{h+\left[\frac{h}{\tan(\beta+\alpha)}+b\right]\tan(\omega-\alpha)}{\tan(\omega-\alpha)+\tan\alpha}} \int_{x\tan\alpha}^{h+\left[b+\frac{h}{\tan(\beta+\alpha)}-x\right]\tan(\omega-\alpha)} \tan\varphi_{\mathrm{m}}k\{\gamma_{\mathrm{m}}[H_{\mathrm{III}}(x) - z]$$

$$+ \gamma_{\mathrm{p}}[z_{\mathrm{p}} - H_{\mathrm{III}}(x)]\} + c_{\mathrm{m}}\mathrm{d}z\mathrm{d}x$$

$$= \frac{k\tan\varphi_{\mathrm{m}}\gamma_{\mathrm{m}}}{6}\left[(A_3+A_5)^2(A_8^3 - A_{10}^3) + 3A_6(A_3+A_5)(A_{10}^2 - A_8^2) + 3A_6^2(A_8 - A_{10})\right]$$

$$+ \frac{k\tan\varphi_{\mathrm{m}}\gamma_{\mathrm{p}}}{6}(A_{10} - A_8)\{(A_3+A_5)[2(A_5+A_4)(A_{10}^2 + A_{10}A_8 + A_8^2)$$

$$+ 3h_{\mathrm{p}}(A_{10} + A_8)] - 3A_6(A_{10} - A_8)(A_3 + 2A_5 + A_4) - 6A_6h_{\mathrm{p}} + 6A_6^2\}$$

$$+ \frac{c_{\mathrm{m}}}{2}(A_{10} - A_8)\left[(A_{10} + A_8)(A_3 + A_5) - 2A_6\right] \tag{2-60}$$

式中，$A_4 = \tan\beta_{\mathrm{p}}$；$A_8 = \{h+\tan(\omega-\alpha)[h/\tan(\beta+\alpha)+b]\}/[\tan\alpha+\tan(\omega-\alpha)]$。

基于式(2-57)至式(2-60)和 $T_1 = T_2$ 可求得排土发展至支挡煤柱侧面时的侧界面抗剪力 T：

$$T = 2(T_{\mathrm{I}} + T_{\mathrm{II}} + T_{\mathrm{III}} + T_{\mathrm{III}}') \tag{2-61}$$

(2) 底界面抗剪力 S

基底水平时支挡煤柱各区域的底界面抗剪力与煤柱高度有关，但顺倾基底时支挡煤柱各区域的底界面抗剪力与煤柱高度、基底高度均有关，因此要重新分析支挡煤柱的底界面抗剪力 S。同样，可基于图 2-11 对三角形 AOE 区、梯形 $AEFB$ 区、四边形 $BFMG$ 区及三角形 GMC 区底界面任意点的竖向应力 $\sigma_{Z\mathrm{I}}(x)$、$\sigma_{Z\mathrm{II}}(x)$、$\sigma_{Z\mathrm{III}}(x)$、$\sigma_{Z\mathrm{III}}'(x)$求解，即

$$\begin{cases} \sigma_{Z\mathrm{I}}(x) = \gamma_{\mathrm{m}}[H_{\mathrm{I}}(x) - H_{\mathrm{d}}(x)] \\ \sigma_{Z\mathrm{II}}(x) = \gamma_{\mathrm{m}}[H_{\mathrm{II}}(x) - H_{\mathrm{d}}(x)] \\ \sigma_{Z\mathrm{III}}(x) = \gamma_{\mathrm{m}}[H_{\mathrm{III}}(x) - H_{\mathrm{d}}(x)] \\ \sigma_{Z\mathrm{III}}'(x) = \gamma_{\mathrm{m}}[H_{\mathrm{III}}(x) - H_{\mathrm{d}}(x)] + \gamma_{\mathrm{p}}[z_{\mathrm{p}} - H_{\mathrm{III}}(x)] \end{cases} \tag{2-62}$$

基于莫尔-库仑强度准则求出三角形 AOE 区、梯形 $AEFB$ 区、四边形 $BFMG$ 区及三角形 GMC 区的底界面任意点的抗剪强度 $\tau_{Z\mathrm{I}}(x)$、$\tau_{Z\mathrm{II}}(x)$、$\tau_{Z\mathrm{III}}(x)$、$\tau_{Z\mathrm{III}}'(x)$：

$$\begin{cases} \tau_{Z\mathrm{I}}(x) = \tan\varphi_j\gamma_{\mathrm{m}}[H_{\mathrm{I}}(x) - H_{\mathrm{d}}(x)] + c_j \\ \tau_{Z\mathrm{II}}(x) = \tan\varphi_j\gamma_{\mathrm{m}}[H_{\mathrm{II}}(x) - H_{\mathrm{d}}(x)] + c_j \\ \tau_{Z\mathrm{III}}(x) = \tan\varphi_j\gamma_{\mathrm{m}}[H_{\mathrm{III}}(x) - H_{\mathrm{d}}(x)] + c_j \\ \tau_{Z\mathrm{III}}'(x) = \tan\varphi_j\{\gamma_{\mathrm{m}}[H_{\mathrm{III}}(x) - H_{\mathrm{d}}(x)] + \gamma_{\mathrm{p}}[z_{\mathrm{p}} - H_{\mathrm{III}}(x)]\} + c_j \end{cases} \tag{2-63}$$

对支挡煤柱各区域的底界面抗剪强度进行面积积分，即可得到各区域底界面的抗剪力。

三角形 AOE 区底界面抗剪力 S_{I} 为：

$$\begin{aligned} S_{\mathrm{I}} &= \int_0^d \int_0^{\frac{h}{\tan(\beta+\alpha)}} \tan\varphi_j\gamma_{\mathrm{m}}[x\tan(\beta+\alpha) - x\tan\alpha]\mathrm{d}x\mathrm{d}y + \int_0^d \int_0^{\frac{h}{\cos\alpha\tan(\beta+\alpha)}} c_j\mathrm{d}x\mathrm{d}y \\ &= \frac{h^2 d\tan\varphi_j\gamma_{\mathrm{m}}}{2\tan^2(\beta+\alpha)}[\tan(\beta+\alpha) - \tan\alpha] + \frac{hdc_j}{\cos\alpha\tan(\beta+\alpha)} \end{aligned} \tag{2-64}$$

梯形 $AEFB$ 区底界面抗剪力 S_{II} 为：

$$\begin{aligned} S_{\mathrm{II}} &= \int_0^d \int_{\frac{h}{\tan(\beta+\alpha)}}^{\frac{h}{\tan(\beta+\alpha)}+b} \tan\varphi_j\gamma_{\mathrm{m}}(h - x\tan\alpha)\mathrm{d}x\mathrm{d}y + \int_0^d \int_{\frac{h}{\cos\alpha\tan(\beta+\alpha)}}^{\frac{h}{\cos\alpha\tan(\beta+\alpha)}+\frac{b}{\cos\alpha}} c_j\mathrm{d}x\mathrm{d}y \\ &= \frac{db\tan\varphi_j\gamma_{\mathrm{m}}}{2}\left\{\left[\frac{2h}{\tan(\beta+\alpha)} + b\right]\tan\alpha - 2h\right\} + \frac{dbc_j}{\cos\alpha} \end{aligned} \tag{2-65}$$

四边形 $BFMG$ 区底界面抗剪力 S_{III} 为：

$$\begin{aligned} S_{\mathrm{III}} &= \int_0^d \int_{\frac{h}{\tan(\beta+\alpha)}+b}^{\frac{h+\left[\frac{h}{\tan(\beta+\alpha)}+b\right]\tan(\omega-\alpha)-h_{\mathrm{p}}}{\tan\beta_{\mathrm{p}}+\tan(\omega-\alpha)}} \tan\varphi_j\gamma_{\mathrm{m}}\left\{h + \left[b + \frac{h}{\tan(\beta+\alpha)} - x\right]\tan(\omega-\alpha) - x\tan\alpha\right\}\mathrm{d}x\mathrm{d}y \\ &\quad + \int_0^d \int_{\frac{h}{\cos\alpha\tan(\beta+\alpha)}+\frac{b}{\cos\alpha}}^{\frac{h+\left[\frac{h}{\tan(\beta+\alpha)}+b\right]\tan(\omega-\alpha)-h_{\mathrm{p}}}{\cos\alpha\left[\tan\beta_{\mathrm{p}}+\tan(\omega-\alpha)\right]}} c_j\mathrm{d}x\mathrm{d}y \\ &= d\tan\varphi_j\gamma_{\mathrm{m}}\left[-(A_3 + A_5)\left(\frac{A_{10}^2}{2} - \frac{A_7^2}{2}\right) + A_6(A_{10} - A_7)\right] + \frac{d(A_{10} - A_7)}{\cos\alpha}c_j \end{aligned} \tag{2-66}$$

由于积分域与被积分函数的表达式比较复杂，直接用字母代替，可得到三角形 GMC 区底界面抗剪力 S_{III}' 为：

$$\begin{aligned} S_{\mathrm{III}}' &= \int_0^d \int_{A_{10}}^{A_8} \tan\varphi_{\mathrm{m}}[\gamma_{\mathrm{m}}(A_6 - A_5x - A_3x) + \gamma_{\mathrm{p}}(h_{\mathrm{p}} + xA_4 + xA_5 - A_6)]\mathrm{d}x\mathrm{d}y \\ &\quad + \frac{dc_j}{\cos\alpha}(A_8 - A_{10}) \\ &= d\tan\varphi_{\mathrm{m}}\gamma_{\mathrm{m}}\left[(-A_3 - A_5)\left(\frac{A_8^2}{2} - \frac{A_{10}^2}{2}\right) + A_6(A_8 - A_{10})\right] + \frac{d(A_8 - A_{10})}{\cos\alpha}c_j \end{aligned}$$

$$-\frac{d\tan\varphi_{\mathrm{m}}\gamma_{\mathrm{p}}}{2}(A_{10}-A_{8})[A_{4}(A_{10}+A_{8})+A_{5}A_{10}+A_{5}A_{8}+2h_{\mathrm{p}}-2A_{6}] \quad (2\text{-}67)$$

对式(2-64)至式(2-67)求和可得支挡煤柱底界面抗剪力 S：

$$S=S_{\mathrm{I}}+S_{\mathrm{II}}+S_{\mathrm{III}}+S_{\mathrm{III}}{}' \quad (2\text{-}68)$$

基于式(2-61)与式(2-68)求解出排土发展至支挡煤柱侧面时煤柱的三维支挡效应：

$$S+T=2(T_{\mathrm{I}}+T_{\mathrm{II}}+T_{\mathrm{III}}+T_{\mathrm{III}}{}')+(S_{\mathrm{I}}+S_{\mathrm{II}}+S_{\mathrm{III}}+S_{\mathrm{III}}{}') \quad (2\text{-}69)$$

2.4.2 排土发展至支挡煤柱顶面时的三维支挡效应

由于排土发展至支挡煤柱顶面时三角形 AOE 区侧界面抗剪力 $T_{2\mathrm{I}}$、底界面抗剪力 $S_{2\mathrm{I}}$ 与排土发展至支挡煤柱侧面时三角形 AOE 区侧界面抗剪力 T_{I} 及底界面抗剪力 S_{I} 相同，表达式仍为式(2-57)与式(2-64)。直接求解其他区域，区域划分如图 2-12 所示。

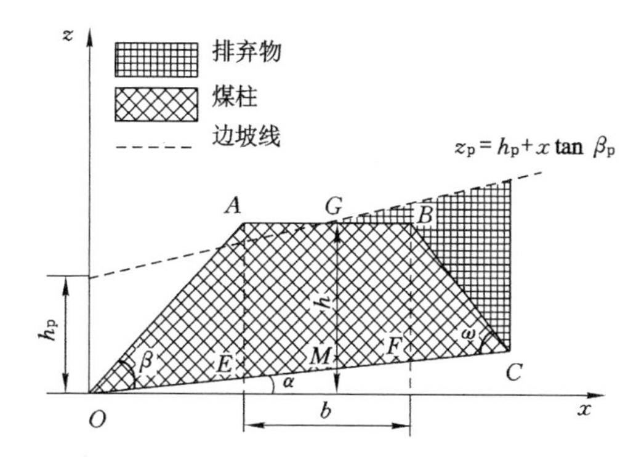

图 2-12 顺倾基底排土发展至支挡煤柱顶面时的分区示意图

(1) 侧界面抗剪力 T

梯形 $AEMG$ 区侧界面抗剪力 $T_{2\mathrm{II}}$ 为：

$$\begin{aligned}T_{2\mathrm{II}}&=\int_{\frac{h}{\tan(\beta+\alpha)}}^{\frac{h-h_{\mathrm{p}}}{\tan\beta_{\mathrm{p}}}}\int_{x\tan\alpha}^{h}[\tan\varphi_{\mathrm{m}}k\gamma_{\mathrm{m}}(h-z)+c_{\mathrm{m}}]\mathrm{d}z\mathrm{d}x\\&=\frac{k\tan\varphi_{\mathrm{m}}\gamma_{\mathrm{m}}}{6}[-A_{1}^{3}A_{3}^{2}+3A_{1}^{2}A_{3}h-3A_{1}h^{2}+A_{9}(A_{3}^{2}A_{9}^{2}-3A_{3}A_{9}h+3h^{2})]\\&\quad+\frac{c_{\mathrm{m}}}{2}(A_{1}-A_{9})(A_{1}A_{3}+A_{3}A_{9}-2h)\end{aligned} \quad (2\text{-}70)$$

梯形 $GMFB$ 区侧界面抗剪力 $T_{2\mathrm{II}}{}'$ 为：

$$\begin{aligned}T_{2\mathrm{II}}{}'&=\int_{\frac{h-h_{\mathrm{p}}}{\tan\beta_{\mathrm{p}}}}^{\frac{h}{\tan(\beta+\alpha)}+b}\int_{x\tan\alpha}^{h}\tan\varphi_{\mathrm{m}}k[\gamma_{\mathrm{m}}(h-z)+\gamma_{\mathrm{p}}(h_{\mathrm{p}}+x\tan\beta_{\mathrm{p}}-h)]+c_{\mathrm{m}}\mathrm{d}z\mathrm{d}x\\&=\frac{k\tan\varphi_{\mathrm{m}}\gamma_{\mathrm{m}}}{6}[-A_{9}^{3}A_{3}^{2}+3A_{9}^{2}A_{3}h-3A_{9}h^{2}+A_{7}(A_{3}^{2}A_{7}^{2}-3A_{3}A_{7}h+3h^{2})]\\&\quad+\frac{c_{\mathrm{m}}}{2}(A_{9}-A_{7})(A_{9}A_{3}+A_{3}A_{7}-2h)\end{aligned}$$

$$+\frac{k\tan\varphi_{\mathrm{m}}\gamma_{\mathrm{p}}}{6}(A_9-A_7)\{A_3[2A_4(A_7^2+A_7A_9+A_9^2)-3(A_9+A_7)(h-h_{\mathrm{p}})]$$

$$-3h[A_4(A_9+A_7)-2h+2h_{\mathrm{p}}]\} \tag{2-71}$$

三角形 BFC 区侧界面抗剪力 $T_{2Ⅲ}$ 为：

$$T_{2Ⅲ}=\int_{\frac{h}{\tan(\beta+\alpha)}+b}^{\frac{h+\left[\frac{h}{\tan(\beta+\alpha)}+b\right]\tan(\omega-\alpha)}{\tan(\omega-\alpha)+\tan\alpha}}\int_{x\tan\alpha}^{h+\left[b+\frac{h}{\tan(\beta+\alpha)}-x\right]\tan(\omega-\alpha)}k\tan\varphi_{\mathrm{m}}[\gamma_{\mathrm{m}}(A_6-A_5x-z)$$

$$+\gamma_{\mathrm{p}}(h_{\mathrm{p}}+A_4x+A_5x-A_6)]+c_{\mathrm{m}}\mathrm{d}z\mathrm{d}x$$

$$=\frac{k\tan\varphi_{\mathrm{m}}\gamma_{\mathrm{m}}}{6}[(A_3+A_5)^2(A_8^3-A_7^3)+3A_6(A_3+A_5)(A_7^2-A_8^2)+3A_6^2(A_8-A_7)]$$

$$+\frac{k\tan\varphi_{\mathrm{m}}\gamma_{\mathrm{p}}}{6}(A_7-A_8)\{(A_3+A_5)[2(A_5+A_4)(A_7^2+A_7A_8+A_8^2)+3h_{\mathrm{p}}(A_7+A_8)]$$

$$-3A_6(A_7-A_8)(A_3+2A_5+A_4)-6A_6h_{\mathrm{p}}+6A_7^2\}$$

$$+\frac{c_{\mathrm{m}}}{2}(A_7-A_8)[(A_7+A_8)(A_3+A_5)-2A_6] \tag{2-72}$$

基于式(2-57)、式(2-70)至式(2-72)、$T_1=T_2$，可求得排土发展至支挡煤柱顶面时侧界面抗剪力 T：

$$T=2(T_{Ⅰ}+T_{2Ⅱ}+T_{2Ⅱ}{}'+T_{2Ⅲ}) \tag{2-73}$$

(2) 底界面抗剪力 S

基于图 2-12 对梯形 $AEMG$ 区、梯形 $GMFB$ 区及三角形 BFC 区的底界面任意点的竖向应力 $\sigma_{ZⅡ}(x)$、$\sigma_{ZⅡ}{}'(x)$、$\sigma_{ZⅢ}(x)$进行求解，即

$$\begin{cases}\sigma_{ZⅡ}(x)=\gamma_{\mathrm{m}}[H_{Ⅱ}(x)-H_{\mathrm{d}}(x)]\\ \sigma_{ZⅡ}{}'(x)=\gamma_{\mathrm{m}}[H_{Ⅱ}(x)-H_{\mathrm{d}}(x)]+\gamma_{\mathrm{p}}[z_{\mathrm{p}}-H_{Ⅱ}(x)]\\ \sigma_{ZⅢ}(x)=\gamma_{\mathrm{m}}[H_{Ⅲ}(x)-H_{\mathrm{d}}(x)]+\gamma_{\mathrm{p}}[z_{\mathrm{p}}-H_{Ⅲ}(x)]\end{cases} \tag{2-74}$$

基于莫尔-库仑强度准则求得梯形 $AEMG$ 区、梯形 $GMFB$ 区及三角形 BFC 区的底界面任意点的抗剪强度 $\tau_{ZⅡ}(x)$、$\sigma_{ZⅡ}{}'(x)$、$\tau_{ZⅢ}(x)$：

$$\begin{cases}\sigma_{ZⅡ}(x)=\tan\varphi_j\gamma_{\mathrm{m}}[H_{Ⅱ}(x)-H_{\mathrm{d}}(x)]\\ \sigma_{ZⅡ}{}'(x)=\tan\varphi_j\gamma_{\mathrm{m}}[H_{Ⅱ}(x)-H_{\mathrm{d}}(x)]+\gamma_{\mathrm{p}}[z_{\mathrm{p}}-H_{Ⅱ}(x)]\\ \sigma_{ZⅢ}(x)=\tan\varphi_j\gamma_{\mathrm{m}}[H_{Ⅲ}(x)-H_{\mathrm{d}}(x)]+\gamma_{\mathrm{p}}[z_{\mathrm{p}}-H_{Ⅲ}(x)]\end{cases} \tag{2-75}$$

梯形 $AEMG$ 区底界面抗剪力 $S_{2Ⅱ}$ 为：

$$S_{2Ⅱ}=\int_0^d\int_{\frac{h}{\tan(\beta+\alpha)}}^{\frac{h-h_{\mathrm{p}}}{\tan\beta_{\mathrm{p}}}}\tan\varphi_j\gamma_{\mathrm{m}}(h-x\tan\alpha)\mathrm{d}x\mathrm{d}y+\int_0^d\int_{\frac{A_1}{\cos\alpha}}^{\frac{A_9}{\cos\alpha}}c_j\mathrm{d}x\mathrm{d}y$$

$$=\frac{d\tan\varphi_j\gamma_{\mathrm{m}}}{2}(A_1-A_9)(A_1A_3+A_9A_3-2h)+\frac{d(A_9-A_1)}{\cos\alpha}c_j \tag{2-76}$$

式中，$A_9=(h-h_{\mathrm{p}})/\tan\beta_{\mathrm{p}}$。

梯形 $GMFB$ 区底界面抗剪力 $S_{2Ⅱ}{}'$为：

$$S_{2\mathrm{II}}{}'=\int_0^d\int_{\frac{h-h_\mathrm{p}}{\tan\beta_\mathrm{p}}}^{\frac{h}{\tan(\beta+\alpha)}+b}\tan\varphi_j[\gamma_\mathrm{m}(h-x\tan\alpha)+\gamma_\mathrm{p}(h_\mathrm{p}+x\tan\beta_\mathrm{p}-h)]\mathrm{d}x\mathrm{d}y$$

$$+\int_0^d\int_{\frac{h-h_\mathrm{p}}{\cos\alpha\tan\beta_\mathrm{p}}}^{\frac{h}{\cos\alpha\tan(\beta+\alpha)}+\frac{b}{\cos\alpha}}c_j\mathrm{d}x\mathrm{d}y$$

$$=\frac{d\tan\varphi_j\gamma_\mathrm{m}}{2}(A_9-A_7)(A_9A_3+A_7A_3-2h)+\frac{d(A_7-A_9)}{\cos\alpha}c_j$$

$$+\frac{d\tan\varphi_j\gamma_\mathrm{p}}{2}(A_7-A_9)(A_7A_4+A_9A_4-2h+2h_\mathrm{p})\tag{2-77}$$

三角形 BFC 区底界面抗剪力 $S_{2\mathrm{III}}$ 为：

$$S_{2\mathrm{III}}=\int_0^d\int_{\frac{h}{\tan(\beta+\alpha)}+b}^{\frac{h+\left[\frac{h}{\tan(\beta+\alpha)}+b\right]\tan(\omega-\alpha)}{\tan(\omega-\alpha)+\tan\alpha}}\tan\varphi_j[\gamma_\mathrm{m}(A_6-A_5x-A_3x)+\gamma_\mathrm{p}(h_\mathrm{p}+A_4x+A_5x-A_6)]\mathrm{d}x\mathrm{d}y$$

$$+\int_0^d\int_{\frac{h}{\cos\alpha\tan(\beta+\alpha)}+\frac{b}{\cos\alpha}}^{\frac{h+\left[\frac{h}{\tan(\beta+\alpha)}+b\right]\tan(\omega-\alpha)}{\cos\alpha[\tan(\omega-\alpha)+\tan\alpha]}}c_j\mathrm{d}x\mathrm{d}y$$

$$=\tan\varphi_j\gamma_\mathrm{m}d\left[(-A_3-A_5)\left(\frac{A_8^2}{2}-\frac{A_7^2}{2}\right)+A_6(A_8-A_7)\right]+\frac{dc_j}{\cos\alpha}(A_8-A_7)$$

$$-\tan\varphi_j\gamma_\mathrm{p}\frac{d}{2}(A_7-A_8)[A_4(A_7+A_8)+A_5A_7+A_5A_8+2h_\mathrm{p}-2A_6]\tag{2-78}$$

基于式(2-64)、式(2-76)至式(2-78)求和可得支挡煤柱底界面抗剪力 S：

$$S=S_\mathrm{I}+S_{2\mathrm{II}}+S_{2\mathrm{II}}{}'+S_{2\mathrm{III}}\tag{2-79}$$

基于式(2-73)与式(2-79)求解出排土发展至支挡煤柱顶面时的三维支挡效应：

$$S+T=2(T_\mathrm{I}+T_{2\mathrm{II}}+T_{2\mathrm{II}}{}'+T_{2\mathrm{III}})+(S_\mathrm{I}+S_{2\mathrm{II}}+S_{2\mathrm{II}}{}'+S_{2\mathrm{III}})\tag{2-80}$$

2.4.3 排土发展过整个支挡煤柱时的三维支挡效应

排土发展过整个支挡煤柱时三角形 BFC 区的侧界面、底界面抗剪力与排土发展至支挡煤柱顶面时的求解方程相同，仍为式(2-72)与式(2-78)，区域划分如图 2-13 所示。

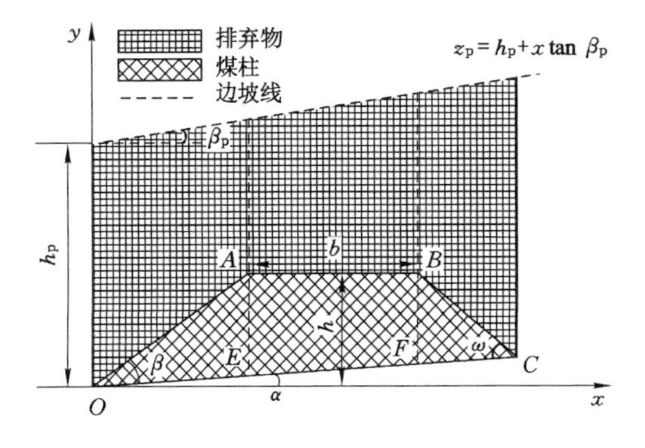

图 2-13 顺倾基底排土发展过整个支挡煤柱时的分区示意图

(1) 侧界面抗剪力 T

三角形 AOE 区侧界面抗剪力 $T_{3\text{I}}$ 为：

$$\begin{aligned}T_{3\text{I}} &= \int_0^{\frac{h}{\tan(\beta+\alpha)}}\int_{x\tan\alpha}^{x\tan(\beta+\alpha)} \tan\varphi_m k\{\gamma_m[x\tan(\beta+\alpha)-z]+\gamma_p[z_p-x\tan(\beta+\alpha)]+c_m\}\mathrm{d}z\mathrm{d}x \\ &= \frac{k\tan\varphi_m\gamma_m A_1^3}{6}(A_2-A_3)^2+c_m\frac{A_1^2}{2}(A_2-A_3) \\ &\quad -\frac{k\tan\varphi_m\gamma_p A_1^2}{6}(A_2-A_3)[2A_1(A_2-A_4)-3h_p]\end{aligned} \tag{2-81}$$

式中，$A_2=\tan(\beta+\alpha)$。

梯形 $AEFB$ 区侧界面抗剪力 $T_{3\text{II}}$ 为：

$$\begin{aligned}T_{3\text{II}} &= \int_{\frac{h}{\tan(\beta+\alpha)}}^{\frac{h}{\tan(\beta+\alpha)}+b}\int_{x\tan\alpha}^{h}\tan\varphi_m k[\gamma_m(h-z)+\gamma_p(z_p-h)]+c_m\mathrm{d}z\mathrm{d}x \\ &= \frac{k\tan\varphi_m\gamma_m b}{6}[3A_1^2A_3^2+3A_1A_3(bA_3-2h)+b^2A_3^2-3bA_3h+3h^2]+\frac{k\tan\varphi_m\gamma_p b}{6} \\ &\quad \{-6A_1^2A_3A_4+6A_1[A_3(-bA_4+h-h_p)+hA_4]-2b^2A_3A_4+3b(A_3h-A_3h_p+hA_4) \\ &\quad +6h(h_p-h)\}+\frac{c_mA_3}{2}(2h-2A_1A_3-A_2^3)\end{aligned} \tag{2-82}$$

基于式(2-70)、式(2-81)、式(2-82)及 $T_1=T_2$ 可得到排土发展过整个支挡煤柱时的侧界面抗剪力 T：

$$T=2(T_{2\text{III}}+T_{3\text{I}}+T_{3\text{II}}) \tag{2-83}$$

(2) 底界面抗剪力 S

前文已分析三角形 BFC 区的底界面抗剪力的求解方程[式(2-78)]，同样，可基于图 2-13 对三角形 AOE 区、梯形 $AEFB$ 区的底界面任意点的竖向应力 $\sigma_{Z\text{I}}(x)$、$\sigma_{Z\text{II}}(x)$求解：

$$\begin{cases}\sigma_{Z\text{I}}(x)=\gamma_m[H_\text{I}(x)-H_d(x)]+\gamma_p[z_p-H_\text{I}(x)] \\ \sigma_{Z\text{II}}(x)=\gamma_m[H_\text{II}(x)-H_d(x)]+\gamma_p[z_p-H_\text{II}(x)]\end{cases} \tag{2-84}$$

基于莫尔-库仑强度准则求出三角形 AOE 区和矩形 $AEFB$ 区的底界面任意点的抗剪强度 $\tau_{Z\text{I}}(x)$、$\tau_{Z\text{II}}(x)$：

$$\begin{cases}\tau_{Z\text{I}}(x)=\tan\varphi_j\{\gamma_m[H_\text{I}(x)-H_d(x)]+\gamma_p[z_p-H_\text{I}(x)]\}+c_j \\ \tau_{Z\text{II}}(x)=\tan\varphi_j\{\gamma_m[H_\text{II}(x)-H_d(x)]+\gamma_p[z_p-H_\text{II}(x)]\}+c_j\end{cases} \tag{2-85}$$

三角形 AOE 区底界面抗剪力 $S_{3\text{I}}$ 为：

$$\begin{aligned}S_{3\text{I}} &= \int_0^d\int_0^{\frac{h}{\tan(\beta+\alpha)}}\tan\varphi_j\{\gamma_m[x\tan(\beta+\alpha)-x\tan\alpha]+\gamma_p[h_p+x\tan\beta_p-x\tan(\beta+\alpha)]\}\mathrm{d}x\mathrm{d}y \\ &\quad +\int_0^d\int_0^{\frac{h}{\cos\alpha\tan(\beta+\alpha)}}c_j\mathrm{d}x\mathrm{d}y \\ &= \frac{d\gamma_m\tan\varphi_j}{2}A_1^2(A_2-A_3)+\frac{d\tan\varphi_j\gamma_pA_1}{2}[A_1(A_4-A_2)+2h_p]+\frac{dh}{\cos\alpha\tan(\beta+\alpha)}c_j\end{aligned} \tag{2-86}$$

梯形 $AEFB$ 区底界面抗剪力 $S_{3\text{II}}$ 为：

$$
\begin{aligned}
S_{3\mathrm{II}} &= \int_0^d \int_{\frac{h}{\tan(\beta+\alpha)}}^{\frac{h}{\tan(\beta+\alpha)}+b} \tan\varphi_j[\gamma_\mathrm{m}(h - x\tan\alpha) + \gamma_\mathrm{p}(h_\mathrm{p} + x\tan\beta_\mathrm{p} - h)]\mathrm{d}x\mathrm{d}y \\
&\quad + \int_0^d \int_{\frac{h}{\cos\alpha\tan(\beta+\alpha)}}^{\frac{h}{\cos\alpha\tan(\beta+\alpha)}+\frac{b}{\cos\alpha}} c_j \mathrm{d}x\mathrm{d}y \\
&= \frac{db\tan\varphi_j\gamma_\mathrm{m}}{2}(A_1A_3 + A_7A_3 - 2h) \\
&\quad + \frac{db\tan\varphi_j\gamma_\mathrm{p}}{2}(A_1A_4 + A_7A_4 - 2h + 2h_\mathrm{p}) + \frac{bd}{\cos\alpha}c_j
\end{aligned} \tag{2-87}
$$

基于式(2-78)、式(2-86)、式(2-87)可得支挡煤柱底界面抗剪力 S：

$$
S = S_{2\mathrm{III}} + S_{3\mathrm{I}} + S_{3\mathrm{II}} \tag{2-88}
$$

基于式(2-83)与式(2-88)求得排土发展过整个支挡煤柱时的三维支挡效应：

$$
S + T = 2(T_{2\mathrm{III}} + T_{3\mathrm{I}} + T_{3\mathrm{II}}) + (S_{2\mathrm{III}} + S_{3\mathrm{I}} + S_{3\mathrm{II}}) \tag{2-89}
$$

综上所述，已对顺倾基底内排土场发展至不同工程位置时的支挡煤柱三维力学效应进行详细研究，推导出了煤柱三维支挡效应的数学表达式，实现了对顺倾基底内排土场支挡煤柱力学效应的定量表征。

2.5　本章小结

本章在构建支挡煤柱力学模型和力学边界的基础上明确了支挡煤柱失稳机理，判定了破坏位置；基于土力学理论，分析了端帮对支挡煤柱应力分布的影响；基于荷载分布特征和支挡煤柱的几何形态参数，推导出了水平基底、顺倾基底内排土场支挡煤柱力学效应的数学表达式，实现了对煤柱三维支挡效应的定量表征。

(1) 基于理论分析、已有的研究成果和滑坡工程实例，明确了支挡煤柱失稳机理为剪切破坏。

(2) 基于岩体力学理论，判定了煤柱失稳破坏的位置为过端帮与支挡煤柱在其底界面交线的竖直面；支挡煤柱的空间形态可近似为具有四边形截面的四棱柱。

(3) 基于土力学理论，确定了在分析内排土场支挡煤柱力学效应时可忽略端帮对支挡煤柱应力分布的影响。

(4) 基于荷载分布特征和支挡煤柱的几何形态参数，通过数学和力学分析，推导出了水平基底、顺倾基底内排土场支挡煤柱三维力学效应的数学表达式，实现了对煤柱三维支挡效应的定量表征。

3 煤柱三维支挡效应的二维等效方法

在第2章中已推导出了水平基底、顺倾基底内排土场支挡煤柱三维力学效应的数学表达式，实现了对煤柱三维支挡效应的定量表征。如何将推导得出的煤柱三维支挡效应进行二维等效，是将研究成果应用于实际工程的关键。本章基于对煤柱三维支挡效应的力学成因类型和影响因素的认识，重点研究了煤柱三维支挡效应的二维等效方法，将二维等效后的抗剪强度参数引入二维刚体极限平衡法中，建立了煤柱支挡效应下内排土场稳定性二维计算方法，并确定具体的流程。

3.1 煤柱三维支挡效应的二维等效原则

内排土场为松散体边坡，侧边界的钳制作用不明显。目前二维刚体极限平衡法是内排土场稳定性分析中最有效和工程设计中应用最广泛的方法，为此，如何将获得的煤柱三维支挡效应进行二维等效，实现三维力学问题向平面应变问题的转化，是将研究成果应用于工程实际的关键。显然，煤柱的三维支挡效应为侧界面与底界面的抗剪力合力，而采用二维刚体极限平衡法时，煤柱的支挡效应仅体现为底界面的抗剪力，因此，只要找到合适的方法将侧界面上的抗剪力等效至底界面，即可实现三维支挡效应的二维等效。

由分析水平基底、顺倾基底内排土场支挡煤柱力学效应的数学表达式可知：煤柱三维支挡效应实质上是一剪切反力，表现为侧界面与底界面黏聚力和内摩擦阻力的合力，分别由抗剪强度参数黏聚力与内摩擦角提供。前者仅与煤柱的形态参数有关，后者由于排土工程的发展受到煤柱上方垂直外荷载的影响，这与二维刚体极限平衡法中条块底界面剪切反力的组成类型与影响因素是一致的。因此，可以通过合并同类项方式，求解底界面的等效黏聚力 c_d 和等效内摩擦角 φ_d（或等效内摩擦系数 $\tan\varphi_d$）来实现煤柱支挡效应的二维等效。

3.2 水平基底内排土场支挡煤柱三维力学效应的二维等效方法

3.2.1 水平基底时等效后底界面抗剪力分析

假设煤柱支挡效应二维等效后的等效黏聚力为 c_d 和等效内摩擦角为 φ_d，根据支挡煤柱形态参数、自重应力及上方排弃物料的荷载作用，对煤柱支挡效应二维等效后的底界面抗剪力 S_d 进行求解。求解方法及区域划分均与水平基底时各工况条件下的三维支挡效应中的底界面抗剪力相同。为避免冗余，求解过程省略，直接将第 2 章中水平基底时煤柱三维支挡效应底界面抗剪力求解过程中的黏聚力 c_j 与内摩擦角 φ_j 置换为等效黏聚力 c_d 及等效内摩擦角 φ_d，即可推导得出水平基底时各工况条件下等效后的支挡煤柱底界面抗剪力 S_d 的表达式。

① 排土发展至支挡煤柱侧面时二维等效后的底界面抗剪力 S_{d1} 为：

$$\begin{aligned}S_{d1} = &\frac{d\gamma_p \tan\varphi_d}{2}(A_{12}-A_{13})[A_{13}(A_{14}+A_{15})+A_{12}(A_{15}-A_{14})+2h_p]+dc_d(A_{12}-A_{13})\\&+\frac{d\gamma_m \tan\omega\tan\varphi_d}{2}(A_{11}-A_{13})(A_{11}+A_{13}-2A_{12})+dc_d(A_{13}-A_{12})\\&+\frac{dh^2\gamma_m\tan\varphi_d}{2\tan\beta}+\frac{dhc_d}{\tan\beta}+dbh\gamma_m\tan\varphi_d+dbc_d+\frac{d\gamma_m\tan\varphi_d\tan\omega}{2}(A_{12}-A_{13})^2\end{aligned} \tag{3-1}$$

② 排土发展至支挡煤柱顶面时二维等效后的底界面抗剪力 S_{d2} 为：

$$\begin{aligned}S_{d2} = &dh\tan\varphi_d\gamma_m(A_{11}-A_{16})+d\gamma_p\tan\varphi_d\left[\frac{A_{15}}{2}(A_{11}^2-A_{16}^2)+(A_{11}-A_{16})(h_p-h)\right]\\&+\frac{dh\gamma_p\tan\varphi_d}{2\tan\omega}[A_{11}(A_{14}+A_{15})+A_{12}(A_{15}-A_{14})+2h_p]\\&+\frac{dh^2\gamma_m\tan\varphi_d}{2\tan\beta}+\frac{dhc_d}{\tan\beta}+d(A_{16}-A_{17})(h\gamma_m\tan\varphi_d+c_d)\\&+dc_d(A_{11}-A_{16})+\frac{dh^2\gamma_m\tan\varphi_d}{2\tan\omega}+\frac{hdc_d}{\tan\omega}\end{aligned} \tag{3-2}$$

③ 排土发展过整个支挡煤柱时二维等效后的底界面抗剪力 S_{d3} 为：

$$\begin{aligned}S_{d3} = &\frac{dh^2\gamma_m\tan\varphi_d}{2\tan\beta}+\frac{dhc_d}{\tan\beta}+d\tan\varphi_d\gamma_p\left[\frac{h^2}{2\tan^2\beta}(\tan\beta_p-\tan\beta)+\frac{hh_p}{\tan\beta}\right]\\&+bd(h\gamma_m\tan\varphi_d+c_d)+d\tan\varphi_d\gamma_p b\left[\left(\frac{h}{\tan\beta}+b+\frac{h}{\tan\beta}\right)\tan\beta_p-2h+2h_p\right]\\&+\frac{d\gamma_m\tan\varphi_d h^2}{2\tan\omega}+\frac{db\gamma_p\tan\varphi_d}{2}[A_{11}(A_{14}+A_{15})+A_{12}(A_{15}-A_{14})+2h_p]+\frac{hdc_d}{\tan\omega}\end{aligned} \tag{3-3}$$

3.2.2　水平基底时等效抗剪强度参数求解

(1) 等效黏聚力 c_d 求解

对水平基底内排土场支挡煤柱力学效应的数学表达式分析可知：黏聚力提供的剪切反力与排弃物料荷载作用无关，只与支挡煤柱的黏聚力及其形态参数、内排土场基底岩层的黏聚力有关。因此，根据 $S_d=S+T$ 可推导得出水平基底时 3 种工况条件下等效黏聚力 c_d 的统一表达式：

$$c_{\mathrm{d}} = \frac{hc_{\mathrm{m}}\left(2b + \dfrac{h}{\tan\beta} + \dfrac{h}{\tan\omega}\right)}{d\left(\dfrac{h}{\tan\beta} + b + \dfrac{h}{\tan\omega}\right)} + c_{\mathrm{j}} \tag{3-4}$$

由式(3-4)只能看出等效黏聚力 c_{d} 与煤柱走向长度 d 呈反比例函数关系，无法看出与煤柱其他形态参数的关系，将式(3-4)转变为下式：

$$c_{\mathrm{d}} = \frac{c_{\mathrm{m}}h}{d}\left[2 - \frac{1}{\dfrac{b}{h\left(\dfrac{1}{\tan\beta} + \dfrac{1}{\tan\omega}\right)} + 1}\right] + c_{\mathrm{j}} \tag{3-5}$$

分析式(3-5)可知：等效黏聚力 c_{d} 与煤柱顶宽 b、外底角正切值 $\tan\beta$、内底角正切值 $\tan\omega$ 及走向长度 d 均呈反比例函数关系，但与煤柱顶宽 b、外底角正切值 $\tan\beta$、内底角正切值 $\tan\omega$ 正相关，与煤柱走向长度 d 负相关；当 $d=\infty$ 时，煤柱侧界面抗剪力可忽略，表现为二维支挡效应。

需要注意的是，式(3-5)不能直接体现等效黏聚力 c_{d} 随煤柱高度 h 的变化规律，可将式(3-5)转变为：

$$c_{\mathrm{d}} = \frac{c_{\mathrm{m}}}{d}\left(\frac{b}{C} + h - \frac{b^2}{C^2h + Cb}\right) + c_{\mathrm{j}} \tag{3-6}$$

式中，$C = \dfrac{1}{\tan\beta} + \dfrac{1}{\tan\omega}$。

分析式(3-6)可知：等效黏聚力 c_{d} 与煤柱高度 h 呈正相关的倒差函数关系。

综上所述，等效黏聚力 c_{d} 与煤柱顶宽 b、外底角正切值 $\tan\beta$、内底角正切值 $\tan\omega$ 呈正相关的反比例函数，与走向长度 d 呈负相关的反比例函数，与高度 h 呈正相关的倒差函数关系。

(2) 等效内摩擦系数 $\tan\varphi_{\mathrm{d}}$ 求解

基于对水平基底内排土场支挡煤柱力学效应的数学表达式分析可知：内摩擦角提供的剪切反力不仅与支挡煤柱的内摩擦角及其形态参数、内排土场基底岩层的内摩擦角有关，还与煤柱上方排弃物料荷载作用有关。因此，由 $S_{\mathrm{d}}=S+T$ 可推导得出水平基底 3 种工况时的等效内摩擦系数 $\tan\varphi_{\mathrm{d}}$。

① 排土发展至支挡煤柱侧面时等效内摩擦系数 $\tan\varphi_{\mathrm{d1}}$ 为：

$$\tan\varphi_{\mathrm{d1}} = \frac{k\tan\varphi_{\mathrm{m}}}{3d}\,\frac{\left\{\begin{aligned}&\frac{\gamma_{\mathrm{m}}h^3}{\tan\beta} + 3bh^2\gamma_{\mathrm{m}} + \gamma_{\mathrm{m}}A_{14}^2(A_{12}-A_{13})^3\\&+\gamma_{\mathrm{m}}A_{14}^2(A_{13}-A_{11})\begin{bmatrix}A_{11}^2 + A_{11}(A_{13}-3A_{12})\\ +3A_{12}^2 - 3A_{12}A_{13} + A_{13}^2\end{bmatrix}\\&+\gamma_{\mathrm{p}}A_{14}(A_{12}-A_{13})^2\left[2A_{13}(A_{14}+A_{15}) + A_{12}(A_{15}-2A_{14}) + 3h_{\mathrm{p}}\right]\end{aligned}\right\}}{\left\{\begin{aligned}&\gamma_{\mathrm{p}}(A_{12}-A_{13})\left[A_{13}(A_{14}+A_{15}) + A_{12}(A_{15}-A_{14}) + 2h_{\mathrm{p}}\right]\\&+\gamma_{\mathrm{m}}\tan\omega(A_{11}-A_{13})(A_{11}+A_{13}-2A_{12})\\&+\frac{h^2\gamma_{\mathrm{m}}}{\tan\beta} + 2bh\gamma_{\mathrm{m}} + \gamma_{\mathrm{m}}\tan\omega(A_{12}-A_{13})^2\end{aligned}\right\}} + \tan\varphi_{\mathrm{j}} \tag{3-7}$$

② 排土发展至支挡煤柱顶面时等效内摩擦系数 $\tan\varphi_{d2}$ 为：

$$\tan\varphi_{d2}=\frac{k\tan\varphi_m}{3d}\frac{\left\{\begin{aligned}&\frac{\gamma_m h^3}{\tan\beta}+\gamma_m 3h^2\left(\frac{h-h_p}{\tan\beta_p}-\frac{h}{\tan\beta}\right)+\gamma_m 3h^2(A_{11}-A_{16})\\&+3\gamma_p h(A_{11}-A_{16})(A_{16}A_{15}+A_{11}A_{15}-2h+2h_p)\\&+\gamma_m A_{14}^2\,(A_{12}-A_{11})^3\\&+\gamma_p\,(A_{12}-A_{11})^2\left[2A_{11}(A_{14}+A_{15})+A_{12}(A_{15}-2A_{14})+3h_p\right]\end{aligned}\right\}}{\left\{\begin{aligned}&2h\gamma_m(A_{11}-A_{16})+\gamma_p\left[A_{15}(A_{11}^2-A_{16}^2)+2(A_{11}-A_{16})(h_p-h)\right]\\&+\frac{h\gamma_p}{\tan\omega}\left[A_{11}(A_{14}+A_{15})+A_{12}(A_{15}-A_{14})+2h_p\right]\\&+\frac{h^2\gamma_m}{\tan\beta}+2h\gamma_m(A_{16}-A_{17})+\frac{h^2\gamma_m}{\tan\omega}\end{aligned}\right\}}+\tan\varphi_j \tag{3-8}$$

③ 排土发展过整个支挡煤柱时等效内摩擦系数 $\tan\varphi_{d3}$ 为：

$$\tan\varphi_{d3}=\frac{k\tan\varphi_m}{3d}\frac{\left\{\begin{aligned}&\frac{h^3\gamma_m}{\tan\beta}+\frac{h^2\gamma_p(3h_p\tan\beta-2h\tan\beta+2h\tan\beta_p)}{\tan^2\beta}\\&+3h^2b\gamma_m+3hb\gamma_p(A_{17}A_{15}+A_{11}A_{15}-2h+2h_p)\\&+\gamma_m A_{14}^2\,(A_{12}-A_{11})^3\\&+\gamma_p(A_{12}-A_{11})^2\left[2A_{11}(A_{14}+A_{15})+A_{12}(A_{15}-2A_{14})+3h_p\right]\end{aligned}\right\}}{\left\{\begin{aligned}&\frac{h^2\gamma_m}{\tan\beta}+2\gamma_p\left[\frac{h^2}{2\tan^2\beta}(\tan\beta_p-\tan\beta)+\frac{hh_p}{\tan\beta}\right]\\&+2hb\gamma_m+2b\gamma_p\left[\left(\frac{h}{\tan\beta}+b+\frac{h}{\tan\omega}\right)\tan\beta_p-2h+2h_p\right]\\&+\frac{h^2\gamma_m}{\tan\omega}+b\gamma_p\left[A_{11}(A_{14}+A_{15})+A_{12}(A_{15}-A_{14})+2h_p\right]\end{aligned}\right\}}+\tan\varphi_j \tag{3-9}$$

由式(3-7)至式(3-9)可知：等效内摩擦系数 $\tan\varphi_d$ 与煤柱走向长度 d 呈负相关反比例函数关系，但是表达式比较复杂，无法直接获得与其他煤柱形态参数的函数关系，需要根据工程实例具体参数进行分析。

3.3 顺倾基底内排土场支挡煤柱三维力学效应的二维等效方法

3.3.1 顺倾基底时等效后底界面抗剪力分析

直接将第 2 章中顺倾基底时煤柱三维支挡效应底界面抗剪力求解过程中的黏聚力 c_j 与内摩擦角 φ_j 置换为等效黏聚力 c_d 和等效内摩擦角 φ_d，即可推导得出顺倾基底各工况时等效后的支挡煤柱底界面抗剪力 S_d 的表达式。

① 排土发展至支挡煤柱侧面时二维等效后的底界面抗剪力 S_{d11} 为：

$$\begin{aligned}S_{d11} &= \frac{h^2 d\gamma_m \tan\varphi_d}{2\tan^2(\beta+\alpha)}[\tan(\beta+\alpha)-\tan\alpha]+\frac{hdc_d}{\cos\alpha\tan(\beta+\alpha)} \\ &+\frac{db\tan\varphi_d\gamma_m}{2}\left\{\left[\frac{2h}{\tan(\beta+\alpha)}+b\right]\tan\alpha-2h\right\}+\frac{dbc_d}{\cos\alpha} \\ &+d\tan\varphi_d\gamma_m\left[-(A_3+A_5)(\frac{A_{10}^2}{2}-\frac{A_7^2}{2})+A_6(A_{10}-A_7)\right]+\frac{d(A_{10}-A_7)}{\cos\alpha}c_d \\ &+d\tan\varphi_d\gamma_m\left[(-A_3-A_5)\left(\frac{A_8^2}{2}-\frac{A_{10}^2}{2}\right)+A_6(A_8-A_{10})\right] \\ &-\frac{d\tan\varphi_d\gamma_p}{2}(A_{10}-A_8)[A_4(A_{10}+A_8)+A_5A_{10}+A_5A_8+2h_p-2A_6] \\ &+\frac{d(A_8-A_{10})}{\cos\alpha}c_d \end{aligned} \tag{3-10}$$

② 排土发展至支挡煤柱顶面时二维等效后的底界面抗剪力 S_{d21} 为：

$$\begin{aligned}S_{d21} &= \frac{h^2 d\gamma_m \tan\varphi_d}{2\tan^2(\beta+\alpha)}[\tan(\beta+\alpha)-\tan\alpha]+\frac{dh}{\cos\alpha\tan(\beta+\alpha)}c_d \\ &+\frac{d\tan\varphi_d\gamma_m}{2}(A_1-A_9)(A_1A_3+A_9A_3-2h)+\frac{d(A_9-A_1)}{\cos\alpha}c_d \\ &+\frac{d\tan\varphi_d\gamma_m}{2}(A_9-A_7)(A_9A_3+A_7A_3-2h) \\ &+\frac{d\tan\varphi_d\gamma_p}{2}(A_7-A_9)(A_7A_4+A_9A_4-2h+2h_p)+\frac{d(A_7-A_9)}{\cos\alpha}c_d \\ &+d\tan\varphi_d\gamma_m\left[(-A_3-A_5)\left(\frac{A_8^2}{2}-\frac{A_7^2}{2}\right)+A_6(A_8-A_7)\right] \\ &-\frac{d\tan\varphi_d\gamma_p}{2}(A_7-A_8)[A_4(A_7+A_8)+A_5A_7+A_5A_8+2h_p-2A_6] \\ &+\frac{d(A_8-A_7)c_d}{\cos\alpha} \end{aligned} \tag{3-11}$$

③ 排土发展过整个支挡煤柱时二维等效后的底界面抗剪力 S_{d31} 为：

$$\begin{aligned}S_{d31} &= \frac{d\gamma_m\tan\varphi_d}{2}A_1^2(A_2-A_3)+\frac{d\tan\varphi_d\gamma_p A_1}{2}[A_1(A_4-A_2)+2h_p] \\ &+\frac{dh}{\cos\alpha\tan(\beta+\alpha)}c_d+\frac{db\tan\varphi_d\gamma_m}{2}(A_1A_3+A_7A_3-2h) \\ &+\frac{db\tan\varphi_d\gamma_p}{2}(A_1A_4+A_7A_4-2h+2h_p)+\frac{bd}{\cos\alpha}c_d \\ &+d\tan\varphi_d\gamma_m\left[(-A_3-A_5)\left(\frac{A_8^2}{2}-\frac{A_7^2}{2}\right)+A_6(A_8-A_7)\right] \\ &-\frac{d\tan\varphi_d\gamma_p}{2}(A_7-A_8)[A_4(A_7+A_8)+A_5A_7+A_5A_8+2h_p-2A_6] \\ &+\frac{d(A_8-A_7)c_d}{\cos\alpha} \end{aligned} \tag{3-12}$$

3.3.2 顺倾基底时等效抗剪强度参数求解

(1) 等效黏聚力 c_d 求解

由 $S_d=S+T$ 可推导得出顺倾基底 3 种工况时的等效黏聚力 c_{d1} 的统一表达式：

$$c_{d1}=\frac{c_m\cos\alpha\{A_1^2(A_2-A_3)+b(2h-2A_1A_3-bA_3)+(A_7-A_8)[(A_5+A_3)(A_7+A_8)-2A_6]\}}{d\left[A_1+b+\left(\frac{h+A_5A_7}{A_3+A_5}-A_7\right)\right]}+c_j \tag{3-13}$$

当 $\alpha=0$ 时，式(3-13)化简为：

$$c_{d1}=\frac{hc_m\left(2b+\frac{h}{\tan\beta}+\frac{h}{\tan\omega}\right)}{d\left(\frac{h}{\tan\beta}+b+\frac{h}{\tan\omega}\right)}+c_j \tag{3-14}$$

式(3-14)与水平基底时等效黏聚力计算公式(3-4)相同。由于式(3-13)比较复杂，只能看出等效黏聚力 c_d 与煤柱走向长度 d 呈反比例函数关系，无法直接揭示等效黏聚力 c_d 与其他煤柱形态参数、基底倾角等因素的函数关系，需要根据工程实例具体参数进行分析。

(2) 等效内摩擦系数 $\tan\varphi_d$ 求解

由 $S_d=S+T$ 可推导得出顺倾基底 3 种工况时的等效内摩擦系数 $\tan\varphi_d$ 的表达式。

① 排土发展至支挡煤柱侧面时等效内摩擦系数 $\tan\varphi_{d11}$ 为：

$$\tan\varphi_{d11}=\frac{k\tan\varphi_m}{3d}\frac{\left\{\begin{aligned}&\frac{h^3[\tan(\beta+\alpha)-\tan\alpha]^2}{\tan^3(\beta+\alpha)}\\&+[A_1^3(-A_3^2)+3A_1^2A_3h-3A_1h^2+A_7(A_3^2A_7^2-3A_3A_7h+3h^2)]\\&+[(A_3+A_5)^2(A_8^3-A_7^3)+3A_6(A_3+A_5)(A_7^2-A_8^2)+3A_6^2(A_8-A_7)]\\&+\frac{\gamma_p}{\gamma_m}(A_{10}-A_8)\left\{\begin{aligned}&(A_3+A_5)\left[\begin{aligned}&2(A_5+A_4)(A_{10}^2+A_{10}A_8+A_8^2)\\&+3h_p(A_{10}+A_8)\end{aligned}\right]\\&+3A_6(A_8-A_{10})(A_3+2A_5+A_4)-6A_6h_p+6A_6^2\end{aligned}\right\}\end{aligned}\right\}}{\left\{\begin{aligned}&\frac{h^2[\tan(\beta+\alpha)-\tan\alpha]}{\tan^2(\beta+\alpha)}+b\left\{\left[\frac{2h}{\tan(\beta+\alpha)}+b\right]\tan\alpha-2h\right\}\\&+2\left[(A_3+A_5)\left(\frac{A_7^2}{2}-\frac{A_8^2}{2}\right)+A_6(A_8-A_7)\right]\\&+\frac{\gamma_p}{\gamma_m}(A_8-A_{10})[A_4(A_{10}+A_8)+A_5A_{10}+A_5A_8+2h_p-2A_6]\end{aligned}\right\}}+\tan\varphi_j \tag{3-15}$$

② 排土发展至支挡煤柱顶面时等效内摩擦系数 $\tan\varphi_{d21}$ 为：

$$\tan\varphi_{d21}=\frac{\tan\varphi_m k}{3d}\frac{\left\{\begin{aligned}&[-A_1^3A_3^2+3A_1^2A_3h-3A_1h^2+A_9(A_3^2A_9^2-3A_3A_9h+3h^2)]\\&+A_1^3(A_2-A_3)^2\\&+[A_9^3(-A_3^2)+3A_9^2A_3h-3A_9h^2+A_7(A_3^2A_7^2-3A_3A_7h+3h^2)]\\&+\frac{\gamma_p}{\gamma_m}(A_9-A_7)\left\{\begin{aligned}&A_3[2A_4(A_7^2+A_7A_9+A_9^2)-3(A_9+A_7)(h-h_p)]\\&-3h[A_4(A_9+A_7)-2h+2h_p]\end{aligned}\right\}\\&+[(A_3+A_5)^2(A_8^3-A_7^3)+3A_6(A_3+A_5)(A_7^2-A_8^2)+3A_6^2(A_8-A_7)]\\&+\frac{\gamma_p(A_7+A_8)}{\gamma_m}\left\{\begin{aligned}&(A_3+A_5)\begin{bmatrix}2(A_5+A_4)(A_7^2+A_7A_8+A_8^2)\\+3h_p(A_7+A_8)\end{bmatrix}\\&-3A_6(A_7-A_8)(A_3+2A_5+A_4)-6A_6h_p+6A_6^2\end{aligned}\right\}\end{aligned}\right\}}{\left\{\begin{aligned}&A_1^2(A_2-A_3)+(A_1-A_9)(A_1A_3+A_9A_3-2h)\\&+(A_9-A_7)(A_9A_3+A_7A_3-2h)\\&+\frac{\gamma_p}{\gamma_m}(A_7-A_9)(A_7A_4+A_9A_4-2h+2h_p)\\&+2\left[-(A_5+A_3)(\frac{A_8^2}{2}-\frac{A_7^2}{2})+A_6(A_8-A_7)\right]\\&-\frac{\gamma_p}{\gamma_m}(A_7-A_8)[A_4(A_7+A_8)+A_5A_7+A_5A_8+2h_p-2A_6]\end{aligned}\right\}}+\tan\varphi_j$$

(3-16)

③ 排土发展过整个支挡煤柱时等效内摩擦系数 $\tan\varphi_{d31}$ 为：

$$\tan\varphi_{d31}=\frac{\tan\varphi_m k}{3d}\frac{\left\{\begin{aligned}&A_1^3(A_2-A_3)^2-\frac{\gamma_p}{\gamma_m}A_1^2(A_2-A_3)[2A_1(A_2-A_4)-3h_p]\\&b[3A_1^2A_3^2+3A_1A_3(bA_3-2h)+b^2A_3^2-3bA_3h+3h^2]\\&+\frac{\gamma_p}{\gamma_m}b\left\{\begin{aligned}&-6A_1^2A_3A_4+6A_1[A_3(-bA_4+h-h_p)+hA_4]\\&-2b^2A_3A_4+3b(A_3h-A_3h_p+hA_4)+6h(h_p-h)\end{aligned}\right\}\\&+\begin{bmatrix}(A_3+A_5)^2(A_8^3-A_7^3)\\+3A_6(A_3+A_5)(A_7^2-A_8^2)+3A_6^2(A_8-A_7)\end{bmatrix}\\&+\frac{\gamma_p}{\gamma_m}(A_7-A_8)\left\{\begin{aligned}&(A_3+A_5)\begin{bmatrix}2(A_5+A_4)(A_7^2+A_7A_8+A_8^2)\\+3h_p(A_7+A_8)\end{bmatrix}\\&-3A_6(A_7-A_8)(A_3+2A_5+A_4)-6A_6h_p+6A_6^2\end{aligned}\right\}\end{aligned}\right\}}{\left\{\begin{aligned}&A_1^2(A_2-A_3)+\frac{\gamma_p}{\gamma_m}A_1[A_1(A_4-A_2)+2h_p]\\&+b(A_1A_3+A_7A_3-2h)+\frac{\gamma_p}{\gamma_m}b(A_1A_4+A_7A_4-2h+2h_p)\\&+2\left[(-A_3-A_5)(\frac{A_8^2}{2}-\frac{A_7^2}{2})+A_6(A_8-A_7)\right]\\&-\frac{\gamma_p}{\gamma_m}(A_7-A_8)[A_4(A_7+A_8)+A_5A_7+A_5A_8+2h_p-2A_6]\end{aligned}\right\}}+\tan\varphi_j$$

(3-17)

由式(3-15)至式(3-17)可知：等效内摩擦系数 $\tan\varphi_d$ 与煤柱走向长度 d 呈负相关的反比例函数关系，不能直接揭示与煤柱其他形态参数及边坡线的纵截距、基底倾角等因素的函数关系，需要根据工程实例具体参数进行分析。

3.4　煤柱支挡效应下内排土场稳定性二维计算方法

本节将二维等效后的抗剪强度参数引入剩余推力方法，建立煤柱支挡效应下内排土场稳定性二维计算方法，并确定内排土场稳定性二维计算的具体流程。

3.4.1　剩余推力法简介

我国学者在分析边坡稳定性时比较常用的方法为剩余推力方法[114-115]，剩余推力法又称为传递系数法或不平衡力法[116-117]，适用于任何形态滑面的稳定性系数求解。

剩余推力法的基本假设条件[118]为：

(1) 边坡稳定性问题为平面应变问题，可以取典型地质工程剖面作为研究对象；

(2) 条块为刚体，不考虑任何变形；

(3) 滑面的抗剪强度服从莫尔-库仑强度准则；

(4) 剩余推力的方向与条块底面平行，当剩余推力小于 0 时，该条块的剩余推力为 0；

(5) 只满足静力平衡条件，不满足力矩平衡条件；

(6) 滑面提供的切向力与法向力的合力作用在条块底部中心；

(7) 条块间竖向作用力相等，即 $T_i = T_{i-1}$。

3.4.2　煤柱支挡效应下水平基底内排土场稳定性二维计算方法

假设边坡及支挡煤柱如图 3-1 所示，滑坡模式为圆弧-基底组合滑动，将滑体划分为若干个垂直条块。为了确保计算精度，支挡煤柱附近滑体条块需要划分得更细，边坡台阶拐点处和滑面与岩层相交处需要单独划分条块。

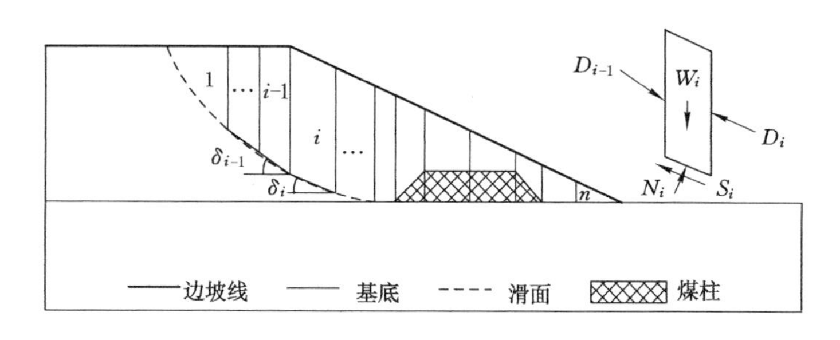

图 3-1　圆弧滑面上部条块受力分析

由于圆弧-基底组合滑动，圆弧滑面上部条块与基底滑面上部条块的底面倾角不同，因此对滑体进行条块划分(共划分为 n 个条块)时，圆弧滑面上部滑体共划分为 k 个条块，基底上部滑体共划分为 $n-k$ 个条块，含有煤柱的条块有 u 个，无煤柱条块有 $n-k-u$ 个，煤柱内角点至圆弧滑面与基底滑面交点处含有无煤条块 q 个。

(1) 圆弧滑面上部条块的剩余推力分析

取圆弧滑面上部第 i 个条块作为研究对象(圆弧上部其他条块同理)，$i=0,1,\cdots,k$，则第 i 个条块底面倾角为 δ_i，第 $i-1$ 个条块的底面倾角为 δ_{i-1}，第 $i-1$ 个条块的剩余推力为 D_{i-1}，圆弧滑面上部条块受力分析如图 3-1 所示。

对平行第 i 个条块底面方向建立平衡方程：

$$D_i = W_i \sin \delta_i + D_{i-1} \cos(\delta_{i-1} - \delta_i) - S_i \tag{3-18}$$

式中 W_i——第 i 个条块的重力，kN；

D_i——第 i 个条块的剩余推力，kN；

S_i——第 i 个条块底面的切向力，kN。

对垂直第 i 个条块底面方向建立平衡方程：

$$N_i = W_i \cos \delta_i + D_{i-1} \sin(\delta_{i-1} - \delta_i) \tag{3-19}$$

式中 N_i——第 i 个条块底面的法向力，kN。

根据莫尔-库仑强度准则，第 i 个条块底面 S_i 为：

$$S_i = \frac{c_i l_i + N_i \tan \varphi_i}{F} \tag{3-20}$$

式中 l_i——第 i 个条块底面的长度，m；

c_i——第 i 个条块底面的黏聚力，kPa；

φ_i——第 i 个条块底面的内摩擦角，(°)；

F——折减系数。

由式(3-18)至式(3-20)可得：

$$D_i = W_i \sin \delta_i + D_{i-1} \cos(\delta_{i-1} - \delta_i) - \frac{c_i l_i + [W_i \cos \delta_i + D_{i-1} \sin(\delta_{i-1} - \delta_i)] \tan \varphi_i}{F} \tag{3-21}$$

对式(3-21)整理可得：

$$D_i = D_{i-1} \psi + D^0 \tag{3-22}$$

式中 $D^0 = W_i \sin \delta_i - \frac{c_i l_i}{F} - \frac{W_i \cos \delta_i \tan \varphi_i}{F}$；

ψ——传递系数，$\psi = \cos(\delta_{i-1} - \delta_i) - \frac{\sin(\delta_{i-1} - \delta_i) \tan \varphi_i}{F}$。

由式(3-22)可求出圆弧滑面上部滑体的剩余推力 D_k：

$$
\begin{cases}
D_2 = W_2 \sin \delta_2 + D_1 \cos(\delta_1 - \delta_2) - \dfrac{c_2 l_2 + [W_2 \cos \delta_2 + D_1 \sin(\delta_1 - \delta_2)]\tan \varphi_2}{F} \\
D_3 = W_3 \sin \delta_3 + D_2 \cos(\delta_2 - \delta_3) - \dfrac{c_3 l_3 + [W_3 \cos \delta_3 + D_2 \sin(\delta_2 - \delta_3)]\tan \varphi_3}{F} \\
\vdots \\
D_k = W_k \sin \delta_k + D_{k-1} \cos(\delta_{k-1} - \delta_k) - \dfrac{c_k l_k + [W_k \cos \delta_k + D_{k-1} \sin(\delta_{k-1} - \delta_k)]\tan \varphi_k}{F}
\end{cases}
\tag{3-23}
$$

边界条件为：$D_0=0$。考虑到条块侧面不能提供拉力，当 $D_i<0(i=0,1,\cdots,k)$时，$D_i=0$。因此，由式(3-23)可求得圆弧滑面上部滑体的剩余推力。

(2) 基底滑面上部含煤条块的剩余推力分析

取基底滑面上部第 r 个含煤柱的条块作为研究对象，基底滑面上部含煤柱条块受力分析如图 3-2 所示，$r=1,2,\cdots,u$，由于内排土场基底倾角为 0°，则有：

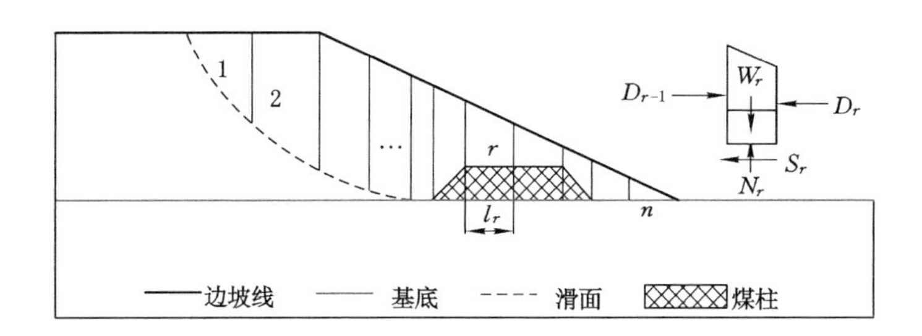

图 3-2 水平基底滑面上部含煤柱条块受力分析

$$\delta_1 = \delta_2 = \cdots = \delta_u = 0 \tag{3-24}$$

对平行第 r 个含煤柱条块底面方向建立平衡方程：

$$D_r = D_{r-1} - S_r \tag{3-25}$$

对垂直第 r 个含煤柱条块底面方向建立平衡方程：

$$N_r = W_r \tag{3-26}$$

根据莫尔-库仑强度准则，第 r 个含煤柱条块底面有如下方程成立：

$$S_r = \frac{c_{\mathrm{d}} l_r + N_r \tan \varphi_{\mathrm{d}}}{F_{\mathrm{s}}} \tag{3-27}$$

式中 W_r——含煤条块的重力，其计算公式为：

$$W_r = A_{rm}\gamma_m + (A_r - A_{rm})\gamma_p \tag{3-28}$$

式中 A_{rm}——第 r 个含煤柱条块的煤柱面积，m^2；

A_r——第 r 个含煤柱条块的面积，m^2。

当内排土场边坡线方程一定时，W_r 仅由煤柱的形态参数和其重度决定。

则第 r 个含煤柱条块的剩余推力为：

$$D_r = D_{r-1} - \frac{c_{\mathrm{d}} l_r + [A_{rm}\gamma_m + (A_r - A_{rm})\gamma_p]\tan \varphi_{\mathrm{d}}}{F} \tag{3-29}$$

综上所述，含煤柱条块的剩余推力不仅与煤柱形态参数有关，还与等效黏聚力 c_d 和等效内摩擦系数 $\tan\varphi_d$ 有关。

(3) 基底滑面上部无煤条块的剩余推力分析

基底滑面上部无煤条块与含煤条块的剩余推力均满足水平方向及竖直方向静力平衡条件，平衡方程仍为式(3-25)、式(3-26)，最本质区别为其条块底面的切向力，取基底滑面上部第 p 个无煤条块进行受力分析，$p=1,2,\cdots,n-k-u$。根据莫尔-库仑强度准则，第 p 个无煤条块底面有：

$$S_p = \frac{c_j l_p + N_p \tan\varphi_j}{F} \tag{3-30}$$

基于式(3-25)、式(3-26)、式(3-30)可求得基底滑面上部第 p 个无煤条块的剩余推力 D_p：

$$D_p = D_{p-1} - \frac{c_j l_p + W_p \tan\varphi_j}{F} \tag{3-31}$$

基于式(3-23)、式(3-29)、式(3-30)可求得滑体最下面条块的剩余推力 D_n：

$$\begin{cases} D_2 = W_2 \sin\delta_2 + D_1 \cos(\delta_1 - \delta_2) - \dfrac{c_2 l_2 + [W_2 \cos\delta_2 + D_1 \sin(\delta_1 - \delta_2)]\tan\varphi_2}{F} \\ \quad\vdots \\ D_k = W_k \sin\delta_k + D_{k-1}\cos(\delta_{k-1} - \delta_k) - \dfrac{c_k l_k + [W_k \cos\delta_k + D_{k-1}\sin(\delta_{k-1} - \delta_k)]\tan\varphi_3}{F} \\ \quad\vdots \\ D_{k+q} = D_{k+q-1} - \dfrac{c_j l_{k+q} + W_{k+q}\tan\varphi_j}{F} \\ \quad\vdots \\ D_{k+q+u} = D_{k+q+u-1} - \dfrac{c_d l_{k+q+u} + [A_{(k+q+u)m}\gamma_m + (A_{(k+q+u)} - A_{(k+q+u)m})\gamma_p]\tan\varphi_d}{F} \\ \quad\vdots \\ D_n = D_{n-1} - \dfrac{c_j l_n + W_n \tan\varphi_j}{F} \end{cases} \tag{3-32}$$

当排土发展至支挡煤柱侧面或顶面时，滑体最下面条块的剩余推力 D_n 为：

$$D_n = D_{n-1} - \frac{c_d l_n + [A_{nm}\gamma_m + (A_n - A_{nm})\gamma_p]\tan\varphi_d}{F} \tag{3-33}$$

通过调整折减系数 F，使最下面条块 $D_n=0$，则可以求出该滑面位置下的内排土场稳定性。

通过调整滑面位置，重新调整 F，使最下面条块 $D_n=0$，$F_{\min}$ 则为最危险滑面对应的稳定性系数，即内排土场稳定性系数。

3.4.3 煤柱支挡效应下顺倾基底内排土场稳定性二维计算方法

煤柱支挡效应下顺倾基底与水平基底内排土场在圆弧滑面上部的条块受力大小及

方向相同，圆弧滑面上部滑体的剩余推力计算方法相同，计算公式为式(3-23)。但是在基底滑面上部的条块受力方向不同，因此只对基底滑面上部的条块受力进行分析，计算各条块的剩余推力。

(1) 基底滑面上部含煤条块的剩余推力分析

取基底滑面上部第 r 个含煤柱的条块作为研究对象，基底滑面上部含煤柱条块受力分析图如图 3-3 所示，$r=1,2,\cdots,u$。由于内排土场基底倾角为 α，则有：

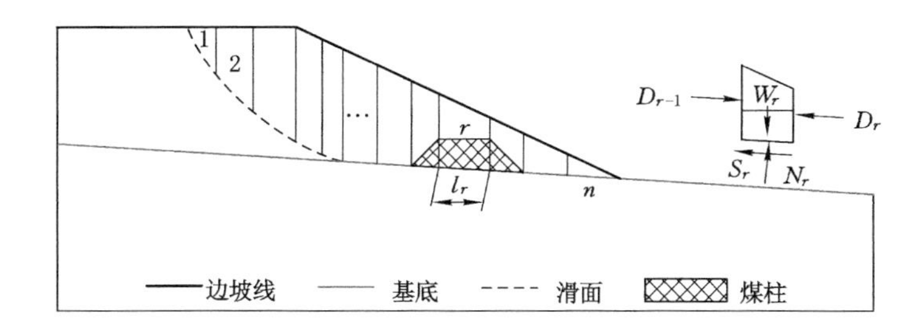

图 3-3　顺倾基底滑面上部含煤柱条块受力分析图

$$\delta_1=\delta_2=\cdots=\delta_u=\alpha \tag{3-34}$$

对平行第 r 个含煤柱条块底面方向建立平衡方程：

$$D_r=W_r\sin\alpha+D_{r-1}-S_r \tag{3-35}$$

式中　W_r——含煤条块的重力，其计算公式为：

$$W_r=A_{rm}\gamma_m+(A_r-A_{rm})\gamma_p \tag{3-36}$$

当内排土场边坡线方程为定值时，W_r 仅由煤柱的形态参数和其重度决定。

对垂直第 r 个含煤柱条块底面方向建立平衡方程：

$$N_r=W_r\cos\alpha \tag{3-37}$$

根据莫尔-库仑强度准则，第 r 个含煤柱条块底面有：

$$S_r=\frac{c_\mathrm{d}l_r+N_r\tan\varphi_\mathrm{d}}{F} \tag{3-38}$$

则第 r 个含煤柱条块的剩余推力为：

$$D_r=D_{r-1}+[A_{rm}\gamma_m+(A_r-A_{rm})\gamma_p](\sin\alpha-\frac{\cos\alpha\tan\varphi_\mathrm{d}}{F})-\frac{c_\mathrm{d}l_r}{F} \tag{3-39}$$

综上所述，含煤柱条块的剩余推力不仅与煤柱形态参数有关，还与等效黏聚力 c_d 和等效内摩擦角 φ_d 有关。

(2) 基底滑面上部无煤条块的剩余推力分析

基底滑面上部无煤条块与含煤条块的剩余推力均满足平行及垂直滑面底面的平衡条件，平衡方程为式(3-35)和式(3-37)，最本质区别为其条块底面的切向力。取基底滑面上部第 p 个无煤条块进行受力分析，$p=1,2,\cdots,n-k-u$，根据莫尔-库仑强度准则，第 p 个无煤条块底面有：

$$S_p=\frac{c_\mathrm{j}l_p+N_p\tan\varphi_\mathrm{j}}{F} \tag{3-40}$$

基于式(3-35)、式(3-37)、式(3-40)可得基底滑面上部第 p 个无煤条块的剩余推力为:

$$D_p = D_{p-1} + W_p(\sin\alpha - \frac{\cos\alpha\tan\varphi_j}{F}) - \frac{c_j l_p}{F} \tag{3-41}$$

基于式(3-23)、式(3-39)、式(3-41)可得滑体最下面一个条块剩余推力 D_n 为:

$$\begin{cases} D_2 = W_2\sin\delta_2 + D_1\cos(\delta_1 - \delta_2) - \dfrac{c_2 l_2 + [W_2\cos\delta_2 + D_1\sin(\delta_1 - \delta_2)]\tan\varphi_2}{F} \\ \vdots \\ D_k = W_k\sin\delta_k + D_{k-1}\cos(\delta_{k-1} - \delta_k) - \dfrac{c_k l_k + [W_k\cos\delta_k + D_{k-1}\sin(\delta_{k-1} - \delta_k)]\tan\varphi_3}{F} \\ \vdots \\ D_{k+q} = D_{k+q-1} + W_{k+q}\left(\sin\alpha - \dfrac{\cos\alpha\tan\varphi_j}{F}\right) - \dfrac{c_j l_{k+q}}{F} \\ \vdots \\ D_{k+q+j} = D_{k+q+u-1} + [A_{(k+q+u)m}\gamma_m + (A_{(k+q+u)} - A_{(k+q+u)m})\gamma_p]\left(\sin\alpha - \dfrac{\cos\alpha\tan\varphi_d}{F}\right) - \dfrac{c_d l_r}{F} \\ \vdots \\ D_n = D_{n-1} + W_n(\sin\alpha - \dfrac{\cos\alpha\tan\varphi_j}{F}) - \dfrac{c_j l_n}{F} \end{cases} \tag{3-42}$$

当排土发展至支挡煤柱侧面或顶面时,滑体最下面条块剩余推力 D_n 为:

$$D_n = D_{n-1} + [A_{nm}\gamma_m + (A_n - A_{nm})\gamma_p]\left(\sin\alpha - \frac{\cos\alpha\tan\varphi_d}{F}\right) - \frac{c_d l_r}{F} \tag{3-43}$$

通过调整折减系数 F,使最下面条块 $D_n=0$,则可以求出该滑面位置下的内排土场稳定性。

通过调整滑面位置,重新调整 F,使最下面条块 $D_n=0$,F_{min}则为最危险滑面对应的稳定性系数,即内排土场的稳定性系数。

3.4.4 煤柱支挡效应下内排土场稳定性二维计算流程

最下面条块剩余推力为 0 是内排土场稳定性二维计算方法的最终目标,通过调整折减系数 F,基于迭代法求解每个条块的剩余推力,最终输出最小的折减系数 F,即内排土场的稳定性系数,计算流程如图 3-4 所示,具体的计算步骤如下:

(1) 基于支挡煤柱形态参数,根据等效抗剪强度参数的表达式求解等效黏聚力 c_d 与等效内摩擦角 $\tan\varphi_d$。

(2) 根据边坡形态参数和岩体力学参数,预先搜索潜在滑面。

(3) 根据边坡形态、支挡煤柱形态、基底形态对滑体进行垂直条块划分。

(4) 假设初始时 $F=1$,计算每个条块的剩余推力 D_i。

(5) 根据 D_i 求解滑体最下面条块的剩余推力 D_n,若 $D_n=0$,则计算返回步骤(2);若

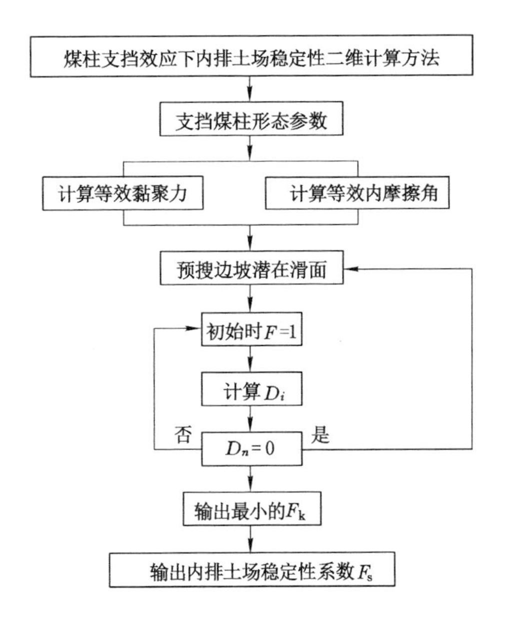

图 3-4 煤柱支挡效应下内排土场稳定性二维计算流程

$D_n \neq 0$,则计算返回步骤(4)。

(6) 输出最小的折减系数 F,则为最危险滑面对应的稳定性系数,即内排土场的稳定性系数。

3.5 本章小结

基于对煤柱三维支挡效应的力学成因类型和影响因素的认识,提出了煤柱三维支挡效应的二维等效方法,将二维等效后的抗剪强度参数引入二维刚体极限平衡法,建立了煤柱支挡效应下内排土场稳定性二维计算方法,并确定具体的流程。

(1) 基于对煤柱三维支挡效应的力学成因类型和影响因素的认识,采用合并同类项的方式,提出了煤柱三维支挡效应的二维等效方法。

(2) 水平基底时等效黏聚力 c_d 与煤柱顶宽 b、内底角正切值 $\tan\omega$、外底角正切值 $\tan\beta$ 呈正相关的反比例函数,与走向长度 d 呈负相关的反比例函数,与高度 h 呈正相关的倒差函数关系;顺倾基底工况条件下等效黏聚力 c_d 与走向长度 d 呈反比例函数关系。

(3) 水平基底、顺倾基底时等效内摩擦系数 $\tan\varphi_d$ 均与煤柱走向长度 d 呈反比例函数,与煤柱其他形态参数的函数关系需要根据工程实际进行分析。

(4) 基于剩余推力法,建立了煤柱支挡效应下内排土场稳定性二维计算方法,并确定了具体流程。

4 内排土场支挡煤柱力学效应的工程应用

第 2 章、第 3 章分别对水平基底、顺倾基底内排土场支挡煤柱力学效应及煤柱三维支挡效应的二维等效方法展开研究,但无法揭示煤柱形态等因素对支挡效应和内排土场稳定性的影响规律,且研究方法的合理性有待验证。本章以胜利东二露天煤矿内排土场为工程背景,基于岩土体物理、力学参数和开采参数,应用煤柱支挡效应下内排土场稳定性二维计算方法和正交试验法,揭示支挡煤柱形态参数等因素与支挡效应及内排土场稳定性的定量关系;兼顾经济性与安全性,优化内排土场支挡煤柱形态参数;采用数值模拟,从支挡煤柱失稳机理和内排土场稳定性两个方面对理论分析结果进行验证。

4.1 工程背景

胜利东二露天煤矿位于胜利煤田中东部,坐落于锡林浩特市郊区胜利苏木,设计生产能力为 3 000 万 t/a,经济合理剥采比为 6 m^3/t。矿区南北走向平均宽度为 6.2 km,东西走向平均长度为 7.6 km,以褐煤为主。主采煤层为:Ⅳ煤、Ⅴ煤、Ⅵ煤,其中Ⅳ煤平均厚度约为 220 m,可采平均厚度约为 11 m;Ⅴ煤平均厚度为 283 m,可采平均厚度约为 30 m;Ⅵ煤平均厚度约为 330 m,可采平均厚度约为 62 m。为了使回采资源最大化,煤柱采用单斗-卡车工艺进行开采,台阶平盘宽度为 15 m、台阶高度为 12 m、台阶坡面角为 60°。内排作业以单斗-卡车工艺为主,内排土场平盘宽度为 50 m、坡面角为 33°、台阶高度为 15 m。

矿区地层由老至新分别为:煤系地层、第三系砂土层与黏土层及第四系黏土层,其中煤系地层主要由煤与泥岩组成,黏土层与泥岩层强度较低。胜利东二露天煤矿各帮边坡属于软岩边坡。通过地质勘探发现在Ⅵ煤底板处赋存软弱夹层,强度较低,是诱发南帮时常发生滑坡的主控因素。在Ⅳ煤组内有倾角为 65°的正断层 F_{61},断距为 72 m。该矿主要含水层为第三系裂隙潜水含水层和煤组中基岩承压水,在长期地下水的作用下(图 4-1),Ⅳ煤底板弱层在靠近西帮位置处泥化严重,形成泥化弱层。

为了缩短运输距离,减少运输费用,增大露天煤矿经济效益,在胜利东二露天煤矿向西开采推进的同时,内排已跟进。由于南帮处于蠕滑状态,为了避免发生大规模滑坡,部分排弃物料放置于煤层顶板之上。内排土场基底倾角为 2°,基底岩性以泥岩为主,高岭石、蒙脱石等黏土类矿物成分较高,最大特性是遇水软化严重,属于典型的顺倾软弱基底

图 4-1　松散滑体、地下水现场照片

内排土场，内排土场典型工程地质剖面图如图 4-2 所示。排弃物料主要来自采场第四系黏土、第三系的砂砾岩及黏土和煤系地层的泥岩等，具有结构松散、强度较低的特性。

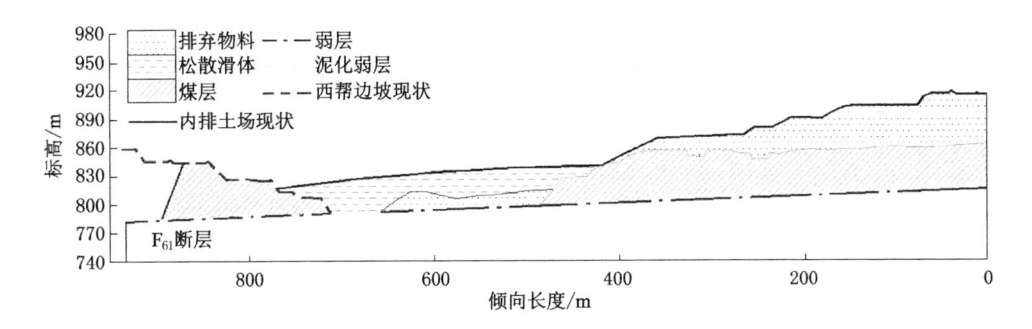

图 4-2　内排土场典型工程地质剖面图

根据剥采工程现状(图 4-3)可知：松散滑体将内排土场＋828 m 水平以下的内排空间几乎完全被占据，靠近西帮松散滑体的水平标高为＋816 m，露天矿坑底宽度为 108 m。

根据以往的岩石试验测试结果和边坡稳定性研究成果，确定的岩土体物理、力学参数见表 4-1。

表 4-1　岩土体物理、力学参数

地层	黏聚力 c/kPa	内摩擦角 φ/(°)	重度 γ/(kN/m^3)
煤	70	24	13.1
松散滑体	0	14	19.0
泥化弱层	0	6.8	17.0
弱层	10	10	17.0
排弃物	15.13	14	19.0

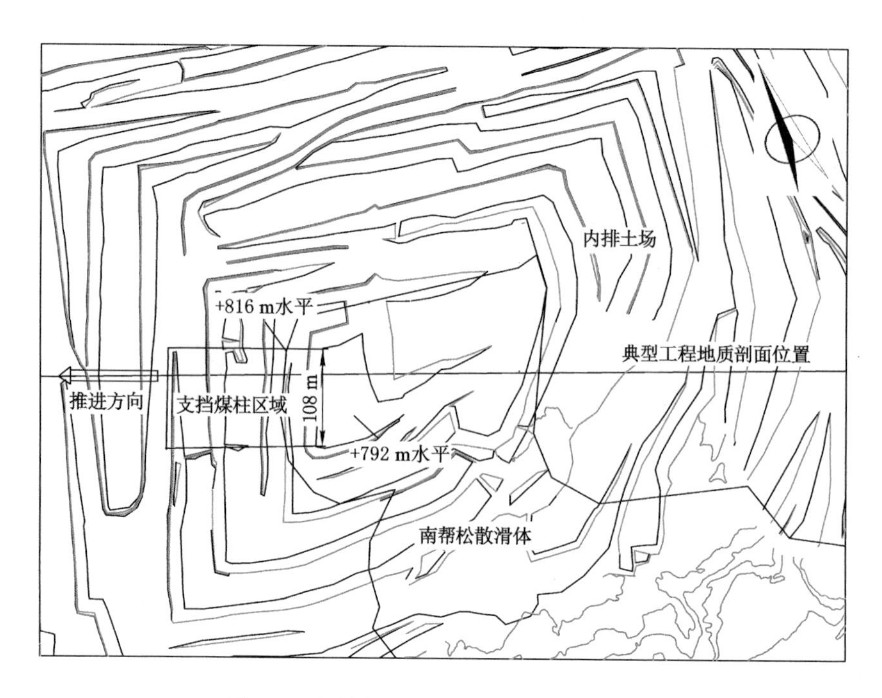

图 4-3　胜利东二露天煤矿剥采工程平面图

由于南帮一直处于蠕动状态，松散滑体不断涌入内排空间，若采用清理滑体方案开采Ⅵ煤时，清理工程量较大，作业时间较长，施工困难，费用极高，还易造成南帮发生大面积滑坡，威胁清滑人员及设备的安全。因此，为了节省滑体清理费用，继续稳定内排，需要采用留设煤柱方式对内排土场进行支挡，合理的支挡煤柱形态参数是解决该矿技术难题的关键。

4.2　煤柱支挡效应及内排土场稳定性影响因素分析

4.2.1　正交试验设计分析法

正交试验设计分析法是以数理统计为基础，利用标准的正交表揭示多因素多水平对试验指标的影响的科学方法。正交试验是基于全面试验选取具有“均匀分散，整齐可比”特点的代表性因素和水平进行试验，是一种快速、高效的试验设计方法，其最大优点是不仅能减少试验次数，缩短试验工期，还能反映试验指标的变化规律[119-123]。

(1) 正交表及其性质

正交表是正交试验的基础工具，通常用 $L_k(z^v)$ 代表，其中 L 为正交表代号，k 为试验总个数，z 为因素划分的水平个数，v 为试验因素个数。正交表具有两个重要特点：① 表中任一列均包含各水平，且各水平出现的数量相同；② 表中任意两列，将同一行的两个数字看成有序数字对时，所有可能的数字对出现的次数相同。

（2）因素及水平

对于特定的露天矿山，其岩土体物理、力学参数均为已知量，因此不将岩土体物理、力学参数作为考察量。由第2章、第3章分析结果可知：影响支挡效应和内排土场稳定性的因素分别为煤柱高度 h、顶宽 b、内底角 ω、外底角 β、基底倾角 α、边坡角 β_p、边坡线的纵截距 h_p，因此选取这8个因素，每个因素选取4个水平，不考虑因素间的交互作用，见表4-2。

表4-2　正交试验因素及水平设置

水平	h/m	b/m	d/m	β/(°)	ω/(°)	α/(°)	h_p/m	β_p/(°)
1	10	0	100	23	22	0	40	12
2	20	10	300	27	26	2	45	14
3	30	20	500	31	30	4	50	16
4	40	30	700	35	34	6	55	18

（3）极差分析

通常采用极差分析法和方差分析法对正交试验结果进行分析，其中极差分析法简单易懂、实用性强，因此本书选用极差分析法来确定煤柱支挡效应和内排土场稳定性影响因素的主次关系。

极差分析原理叙述如下。

假设影响因素分别为 $A,B,C,\cdots,i$ 为各因素的水平数。Q_{ij} 代表因素 j 第 i 个水平值 $(j=1,2,3,\cdots,8,i=1,2,3,4)$。$P_{ij}$ 代表因素 j 第 i 个水平值时的试验指标，P_{ij} 为服从正态分布的随机变量。Y_{ijk} 为在 Q_{ij} 下做 k 次试验得到的 k 个试验结果，则因素 j 在 i 水平时的统计参数 K_{ij} 为：

$$K_{ij}=\left(\sum_{k=1}^{n}Y_{ijk}\right)/n \tag{4-1}$$

极差 R_j 为：

$$R_j=\max\{K_{1j},K_{2j},\cdots,K_{rj}\}-\min\{K_{1j},K_{2j},\cdots,K_{rj}\} \tag{4-2}$$

一般来说，各因素计算的极差 R_j 各不相等，进而说明各因素对试验结果影响程度不同，极差最大的因素对试验结果影响最大，依次类推，可以获得各因素对试验结果影响程度大小。

4.2.2　煤柱支挡效应影响因素的敏感性分析

煤柱支挡效应由等效黏聚力 c_d 和等效内摩擦系数 $\tan\varphi_d$ 组成，分别对二者进行影响因素敏感性分析。

（1）等效黏聚力 c_d 的敏感性分析

通过第3章的分析可知：等效黏聚力 c_d 的数学表达式中不含边坡角 β_p 和边坡线的纵截距 h_p，只包含支挡煤柱形态参数。基于此，仅分析支挡煤柱形态参数和基底倾角等6

个因素对等效黏聚力 c_d 的影响程度。正交试验计算结果见表 4-3。

表 4-3　等效黏聚力的正交试验计算结果

试验号	h/m	b/m	d/m	β/(°)	ω/(°)	α/(°)	c_d/kPa
1	10	0	100	23	22	0	17.00
2	10	10	300	27	26	2	12.60
3	10	20	500	31	30	4	11.64
4	10	30	700	35	34	6	11.15
5	20	0	100	27	26	4	22.34
6	20	10	300	23	22	6	14.06
7	20	20	500	35	34	0	13.52
8	20	30	700	31	30	2	12.44
9	30	0	300	31	34	0	17.00
10	30	10	100	35	30	2	31.88
11	30	20	700	23	26	4	12.90
12	30	30	500	27	22	6	14.01
13	40	0	300	35	30	4	18.51
14	40	10	100	31	34	6	35.64
15	40	20	700	27	22	0	14.41
16	40	30	500	23	26	2	15.91
17	10	0	700	23	34	2	10.92
18	10	10	500	27	30	0	11.70
19	10	20	300	31	26	6	12.49
20	10	30	100	35	22	4	18.40
21	20	0	700	27	30	6	11.67
22	20	10	500	23	34	4	12.69
23	20	20	300	35	22	2	15.29
24	20	30	100	31	26	0	28.03
25	30	0	500	31	22	2	13.97
26	30	10	700	35	26	0	13.26
27	30	20	100	23	30	6	29.11
28	30	30	300	27	34	4	17.46
29	40	0	500	35	26	6	4.90
30	40	10	700	31	22	4	13.78
31	40	20	100	27	34	2	39.52
32	40	30	300	23	30	0	20.78

基于正交试验计算结果，对各因素在不同水平时的统计参数和极差进行分析，分析结果见表 4-4。

表 4-4　等效黏聚力极差分析表

水平	h/m	b/m	d/m	β/(°)	ω/(°)	α/(°)
1	13.239	14.538	27.739	16.672	15.115	16.961
2	16.254	18.201	16.025	17.962	15.304	19.066
3	18.699	18.610	12.292	18.124	18.465	15.964
4	20.429	17.272	12.566	15.862	19.737	16.630
极差	7.190	4.071	15.447	2.262	4.623	3.102

对表 4-4 分析可知：走向长度 d 的极差最大，说明走向长度 d 对等效黏聚力 c_d 的影响最大，高度 h、内底角 ω、顶宽 b、基底倾角 α、外底角 β 的极差依次减小。各因素对等效黏聚力 c_d 的影响程度从大到小依次为：走向长度 d、高度 h、内底角 ω、顶宽 b、基底倾角 α、外底角 β。

(2) 等效内摩擦系数 $\tan\varphi_d$ 的敏感性分析

由于等效内摩擦系数 $\tan\varphi_d$ 与煤柱的形态参数、基底倾角、内排土场的边坡角、边坡线纵截距均有关，因此分析以上 8 个因素对等效内摩擦系数 $\tan\varphi_d$ 的影响程度，正交试验计算结果见表 4-5。

表 4-5　等效内摩擦系数的正交试验计算结果

试验号	h/m	b/m	d/m	β/(°)	ω/(°)	α/(°)	h_p/m	β_p/(°)	$\tan\varphi_d$
1	10	0	100	23	22	0	40	12	0.217
2	10	10	300	27	26	2	45	14	0.192
3	10	20	500	31	30	4	50	16	0.187
4	10	30	700	35	34	6	55	18	0.185
5	20	0	100	27	26	4	50	18	0.246
6	20	10	300	23	22	6	55	16	0.202
7	20	20	500	35	34	0	40	14	0.195
8	20	30	700	31	30	2	45	12	0.190
9	30	0	300	31	34	0	45	16	0.213
10	30	10	100	35	30	2	40	18	0.288
11	30	20	700	23	26	4	55	12	0.193
12	30	30	500	27	22	6	50	14	0.201
13	40	0	300	35	30	4	55	14	0.220

表 4-5(续)

试验号	h/m	b/m	d/m	β/(°)	ω/(°)	α/(°)	h_p/m	β_p/(°)	$\tan\varphi_d$
14	40	10	100	31	34	6	50	12	0.311
15	40	20	700	27	22	0	45	18	0.198
16	40	30	500	23	26	2	40	16	0.207
17	10	0	700	23	34	2	50	14	0.182
18	10	10	500	27	30	0	55	12	0.186
19	10	20	300	31	26	6	40	18	0.194
20	10	30	100	35	22	4	45	16	0.232
21	20	0	700	27	30	6	40	16	0.186
22	20	10	500	23	34	4	45	18	0.193
23	20	20	300	35	22	2	50	12	0.206
24	20	30	100	31	26	0	55	14	0.276
25	30	0	500	31	22	2	55	18	0.198
26	30	10	700	35	26	0	50	16	0.193
27	30	20	100	23	30	6	45	14	0.293
28	30	30	300	27	34	4	40	12	0.218
29	40	0	500	35	26	6	45	12	0.200
30	40	10	700	31	22	4	40	14	0.195
31	40	20	100	27	34	2	55	16	0.334
32	40	30	300	23	30	0	50	18	0.233

基于正交试验计算结果,对各因素不同水平时的统计参数和极差进行分析,分析结果见表 4-6。

表 4-6　等效内摩擦系数的极差分析表

水平	h/m	b/m	d/m	β/(°)	ω/(°)	α/(°)	h_p/m	β_p/(°)
1	0.196 9	0.207 6	0.2746	0.214 9	0.206	0.213 9	0.212 4	0.215 3
2	0.211 6	0.220 1	0.209 8	0.220 2	0.212 6	0.224 6	0.213 9	0.219 1
3	0.224 7	0.225 1	0.195 8	0.220 4	0.222 9	0.210 4	0.22	0.219 2
4	0.237 2	0.217 7	0.190 2	0.214 8	0.228 8	0.221 4	0.224 1	0.216 8
极差	0.040 3	0.017 6	0.084 3	0.005 6	0.022 8	0.014 2	0.011 7	0.003 9

分析表 4-6 可知:煤柱走向长度 d 的极差最大,说明走向长度 d 对等效内摩擦系数 $\tan\varphi_d$ 的影响最大,高度 h、内底角 ω、顶宽 b、基底倾角 α、内排土场边坡线的纵截距 h_p、外底角 β、边坡角 β_p 的极差依次减小。各因素对等效内摩擦系数 $\tan\varphi_d$ 的影响程度从大到小依次为:走向长度 d、高度 h、内底角 ω、顶宽 b、基底倾角 α、内排土场边坡线的纵截距

h_p、外底角 β、边坡角 β_p。

综上分析可知：煤柱走向长度 d 是影响支挡效应的主控因素，其次为高度 h，边坡角 β_p 对支挡效应的影响最小。当露天煤矿坑底宽度固定时，即走向长度 d 固定，优先通过调整高度 h 来提高煤柱支挡效应。

4.2.3 各因素对煤柱支挡效应的影响规律分析

当内排土场基底为顺倾时，煤柱支挡效应的数学表达式极其复杂，无法直接获得各因素对煤柱支挡效应的影响规律。因此，为了揭示煤柱的形态参数、基底倾角、内排土场的边坡角、边坡线纵截距对煤柱支挡效应的影响规律，以胜利东二露天煤矿的物理、力学参数作为煤柱支挡效应计算的参数，采用控制变量法对单一因素进行研究，基准参数值见表 4-7，每个因素等间距选取 5 个水平。通过式(3-13)、式(3-15)至式(3-17)，应用 MATLAB 软件计算煤柱支挡效应的数值，采用 origin 软件绘制与拟合煤柱支挡效应与各因素的关系曲线。

表 4-7 基准参数值

参数	h/m	b/m	d/m	β/(°)	ω/(°)	α/(°)	h_p/m	β_p/(°)
值	24	20	100	30	40	2	60	16

(1) 各因素对等效黏聚力 c_d 的影响规律

分析图 4-4(a)和图 4-4(f)可知：等效黏聚力 c_d 与高度 h 呈正相关的一次函数关系，与基底倾角 α 呈负相关的一次函数关系。分析图 4-4(b)、图 4-4(d)、图 4-4(e)可知：等效黏聚力 c_d 与顶宽 b、外底角 β、内底角 ω 均呈正相关的幂函数关系。分析图 4-4(c)可知：等效黏聚力 c_d 与走向长度 d 呈反比例函数关系。

由第 3 章理论分析可知：等效黏聚力 c_d 与顶宽 b、外底角正切值 $\tan\beta$、内底角正切值 $\tan\omega$ 及走向长度 d 均呈反比例函数关系，与高度 h 呈倒差函数关系。由于反比例函数为幂函数的特例，倒差函数的表达式为 $y=ax-b/x$，当 b 无穷小时，倒差函数为一次函数。因此，采用工程实例分析与理论分析得出的影响规律一致，造成其表现形式不同的原因是内排土场的基底倾角不同。

基于以上分析可知：除走向长度 d 和基底倾角 α 以外的各支挡煤柱形态参数的增大均有利于提高等效黏聚力 c_d。

(2) 各因素对等效内摩擦系数 $\tan\varphi_d$ 的影响规律

同样，煤柱的形态参数、基底倾角、内排土场的边坡角、边坡线纵截距均对等效内摩擦系数产生影响，采用相同方法进行分析，获得等效内摩擦系数与各因素的关系曲线如图 4-5 所示。

分析图 4-5(a)和图 4-5 (h)可知：等效内摩擦系数 $\tan\varphi_d$ 与高度 h、内排土场边坡角

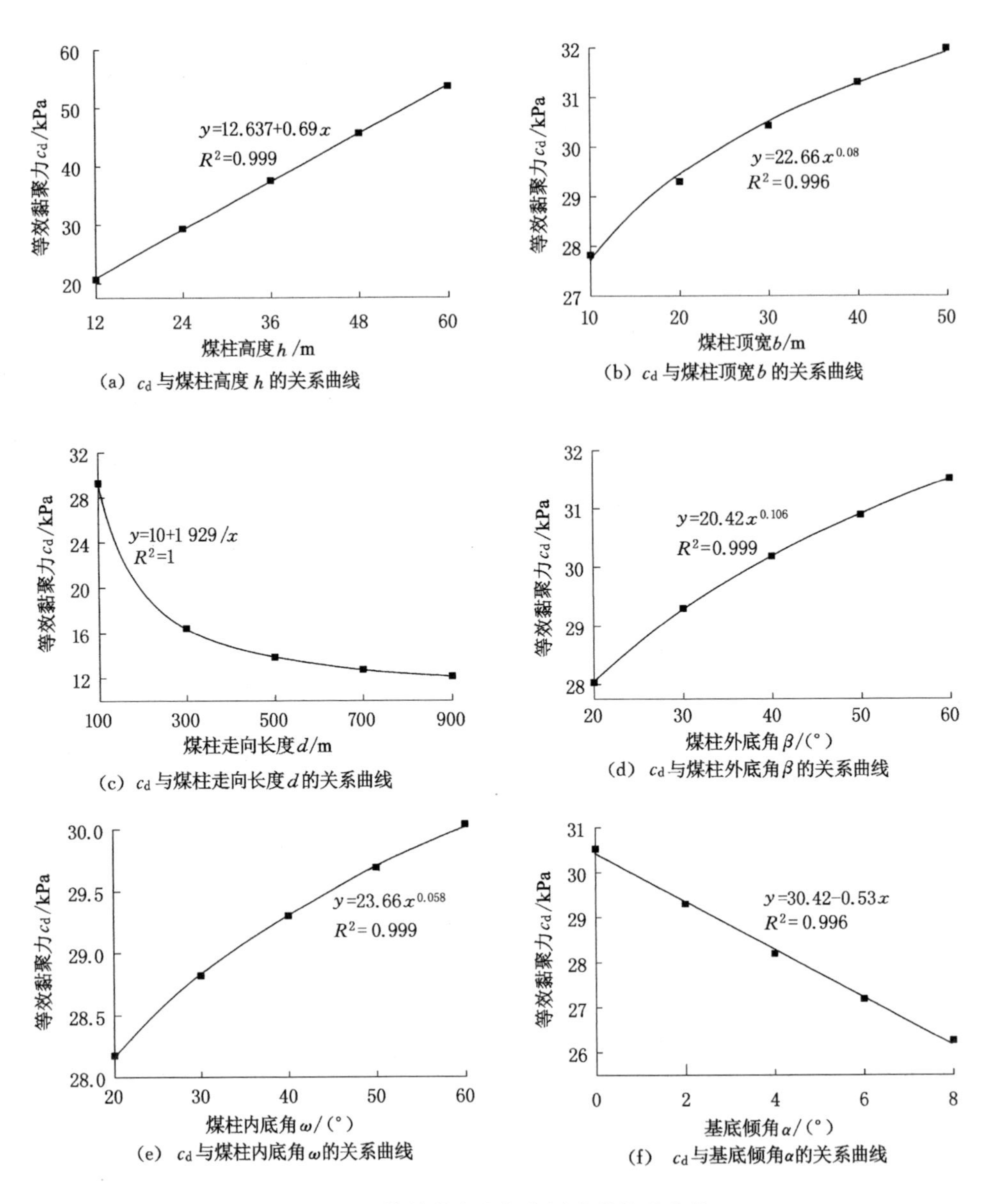

(a) c_d与煤柱高度h的关系曲线

(b) c_d与煤柱顶宽b的关系曲线

(c) c_d与煤柱走向长度d的关系曲线

(d) c_d与煤柱外底角β的关系曲线

(e) c_d与煤柱内底角ω的关系曲线

(f) c_d与基底倾角α的关系曲线

图 4-4 等效黏聚力与各因素的关系曲线

β_p均呈正相关的一次函数关系。分析图 4-5(b)、图 4-5(d)、图 4-5(e)、图 4-5(g)可知:等效内摩擦系数 $\tan\varphi_d$ 与顶宽 b、外底角 β、内底角 ω、边坡线纵截距 h_p 均呈正相关的幂函数关系。分析图 4-5(c)可知:等效内摩擦系数 $\tan\varphi_d$ 与走向长度 d 呈反比例函数关系,随着走向长度的增加,等效内摩擦系数 $\tan\varphi_d$ 逐渐减小。当煤柱走向长度超过一定值时,等效内摩擦系数 $\tan\varphi_d$ 为弱层内摩擦角的正切值。分析图 4-5(f)可知:等效内摩擦系数 $\tan\varphi_d$ 与基底倾角 α 呈二次函数关系。

基于以上分析可知:除走向长度 d 和基底倾角 α 以外的各因素值的增大均有利于提高等效内摩擦系数 $\tan\varphi_d$。

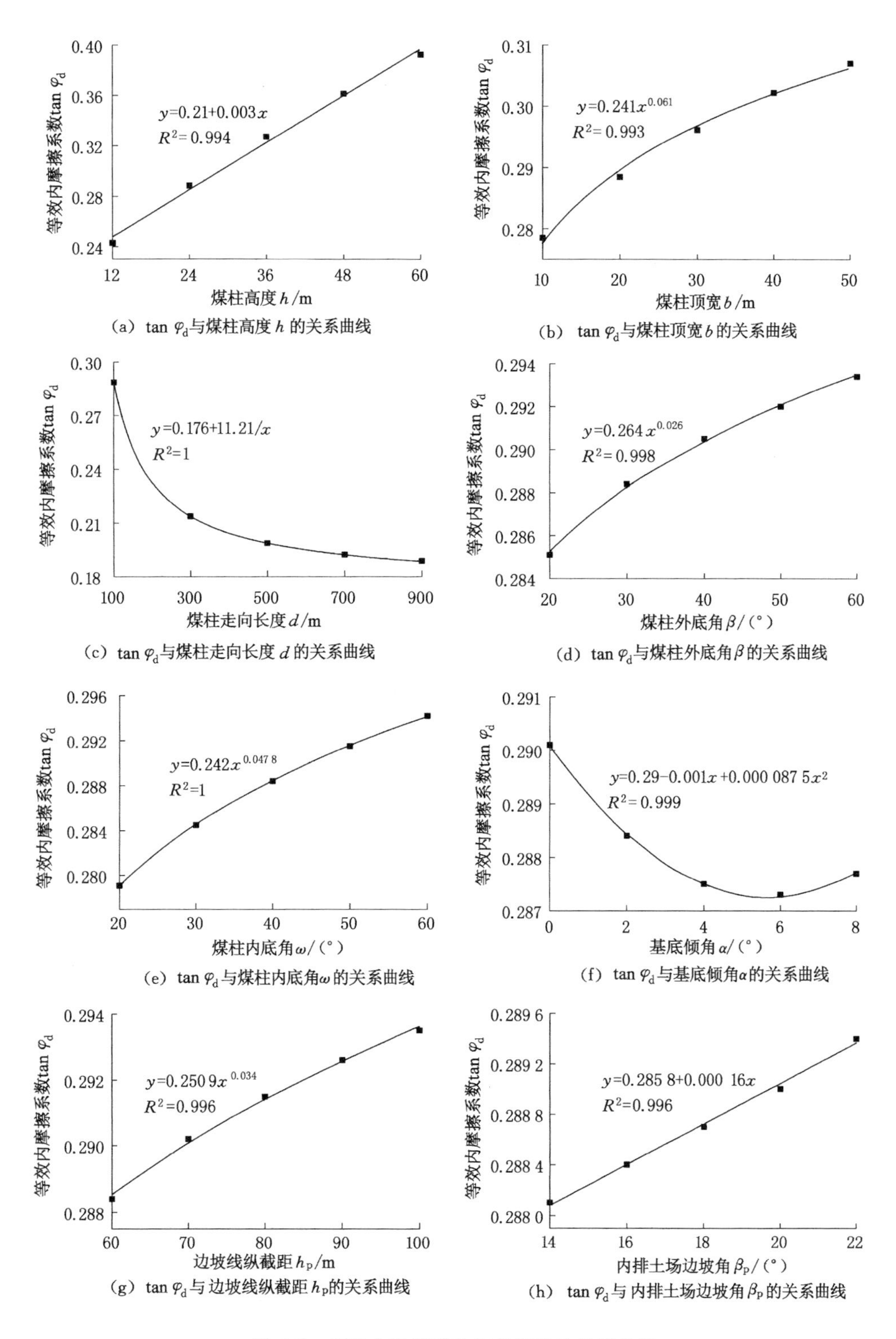

(a) tan φ_d与煤柱高度 h 的关系曲线

(b) tan φ_d与煤柱顶宽 b 的关系曲线

(c) tan φ_d与煤柱走向长度 d 的关系曲线

(d) tan φ_d与煤柱外底角 β 的关系曲线

(e) tan φ_d与煤柱内底角 ω 的关系曲线

(f) tan φ_d与基底倾角 α 的关系曲线

(g) tan φ_d与边坡线纵截距 h_P 的关系曲线

(h) tan φ_d与内排土场边坡角 β_P 的关系曲线

图 4-5　等效内摩擦系数与各因素的关系曲线

综上所述，特定的露天煤矿坑底宽度固定时，即煤柱走向长度 d 和基底倾角 α 固定，可以通过增大煤柱形态参数来提高煤柱支挡效应。

4.2.4 内排土场稳定性影响因素的敏感性分析

上文已分析各因素对煤柱支挡效应的影响程度，但是否各因素对内排土场稳定性的影响程度具有一致性，有待验证。分析时仍采用表 4-2 所示正交试验方案，根据煤柱形态，边坡形态参数及岩土体物理、力学参数，基于煤柱支挡效应下顺倾基底内排土场稳定性二维计算方法对不同因素、不同水平时的内排土场稳定性进行分析，正交试验结果见表 4-8。

表 4-8 内排土场稳定性的正交试验计算结果

试验号	h/m	b/m	d/m	β/(°)	ω/(°)	α/(°)	h_p/m	β_p/(°)	F_s
1	10	0	100	23	22	0	40	12	1.26
2	10	10	300	27	26	2	45	14	1.06
3	10	20	500	31	30	4	50	16	0.91
4	10	30	700	35	34	6	55	18	0.8
5	20	0	100	27	26	4	50	18	0.86
6	20	10	300	23	22	6	55	16	0.9
7	20	20	500	35	34	0	40	14	1.1
8	20	30	700	31	30	2	45	12	1.23
9	30	0	300	31	34	0	45	16	0.99
10	30	10	100	35	30	2	40	18	0.92
11	30	20	700	23	26	4	55	12	1.19
12	30	30	500	27	22	6	50	14	1.01
13	40	0	300	35	30	4	55	14	1.06
14	40	10	100	31	34	6	50	12	1.28
15	40	20	700	27	22	0	45	18	0.9
16	40	30	500	23	26	2	40	16	0.97
17	10	0	700	23	34	2	50	14	1.06
18	10	10	500	27	30	0	55	12	1.27
19	10	20	300	31	26	6	40	18	0.8
20	10	30	100	35	22	4	45	16	0.93
21	20	0	700	27	30	6	40	16	0.88
22	20	10	500	23	34	4	45	18	0.83
23	20	20	300	35	22	2	50	12	1.24
24	20	30	100	31	26	0	55	14	1.18
25	30	0	500	31	22	2	55	18	0.86

表 4-8(续)

试验号	h/m	b/m	d/m	β/(°)	ω/(°)	α/(°)	h_p/m	β_p/(°)	F_s
26	30	10	700	35	26	0	50	16	0.97
27	30	20	100	23	30	6	45	14	1.1
28	30	30	300	27	34	4	40	12	1.2
29	40	0	500	35	26	6	45	12	1.14
30	40	10	700	31	22	4	40	14	1.03
31	40	20	100	27	34	2	55	16	1.15
32	40	30	300	23	30	0	50	18	0.98

基于正交试验计算结果，对各因素不同水平时的统计参数和极差进行分析，分析结果见表 4-9。

表 4-9 内排土场稳定性极差分析表

水平	h/m	b/m	d/m	β/(°)	ω/(°)	α/(°)	h_p/m	β_p/(°)
1	1.011 3	1.013 8	1.085	1.036 2	1.016 3	1.081 2	1.02	1.226 3
2	1.027 5	1.032 5	1.028 7	1.041 2	1.021 3	1.061 2	1.022 5	1.075
3	1.03	1.048 7	1.011 3	1.035	1.043 8	1.001 2	1.038 7	0.962 5
4	1.063 8	1.037 5	1.007 5	1.02	1.051 2	0.988 7	1.051 2	0.868 8
极差	0.052 5	0.035	0.077 5	0.021 3	0.035	0.092 5	0.031 2	0.357 5

分析表 4-9 可知：内排土场边坡角 β_p 的极差为 0.357 5，内排土场稳定性受该因素影响最大；基底倾角 α 的极差为 0.092 5，影响程度次之；外底角 β 的极差为 0.021 3，该因素对内排土场稳定性影响最小。各因素对内排土场稳定性的影响程度从大到小依次为：内排土场边坡角 β_p、基底倾角 α、走向长度 d、高度 h、顶宽 b、内底角 ω、边坡线纵截距 h_p、外底角 β。

对比各因素对支挡效应的影响程度分析结果可知：内排土场边坡角 β_p 和基底倾角 α 对支挡效应的影响一般，但二者对内排土场稳定性的影响最大，比较符合工程实际；煤柱支挡效应和内排土场稳定性受煤柱形态参数中的走向长度 d、高度 h 影响最大，受外底角 β 影响最小；内底角 ω 比顶宽 b 对支挡效应影响大，但是对内排土场稳定性的影响相反，由于研究的最终目标为内排土场稳定性，支挡效应只是过程量，因此，在煤柱形态设计中优先考虑顶宽 b。

综上所述，对于特定露天煤矿，煤柱走向长度 d、内排土场边坡角 β_p 及基底倾角 α 均为定值，当采用留设煤柱进行支挡内排土场时，煤柱形态参数优化过程中优先考虑高度 h 与顶宽 b 及外底角 β 与内底角 ω 满足工程作业即可。据此，胜利东二露天煤矿内排土场支挡煤柱形态参数优化过程中仅优化煤柱高度 h 与顶宽 b。

4.2.5 各因素对内排土场稳定性的影响规律分析

为了定量描述内排土场稳定性与各影响因素之间的函数关系，基于胜利东二露天煤矿内排土场的岩土体物理、力学参数及采场到界边坡形态，通过式(3-13)、式(3-15)至式(3-17)，应用 MATLAB 软件，计算煤柱支挡效应的数值。基于煤柱支挡效应下顺倾基底内排土场稳定性二维计算方法，采用 origin 软件绘制和拟合内排土场稳定性与各因素的关系曲线。值得注意的是，为了得到统一的规律，不考虑泥化弱层的影响。

(1) 煤柱顶宽的影响

分析煤柱顶宽对内排土场稳定性影响规律时，固定内排土场边坡形态不变，内排土场排土发展至煤柱顶面，煤柱顶宽 b 取值为 0 m、10 m、20 m、30 m、40 m。基于煤柱支挡效应下顺倾基底内排土场稳定性二维计算方法，求解内排土场局部和整体的稳定性系数，分析结果如图 4-6 和图 4-7 所示。

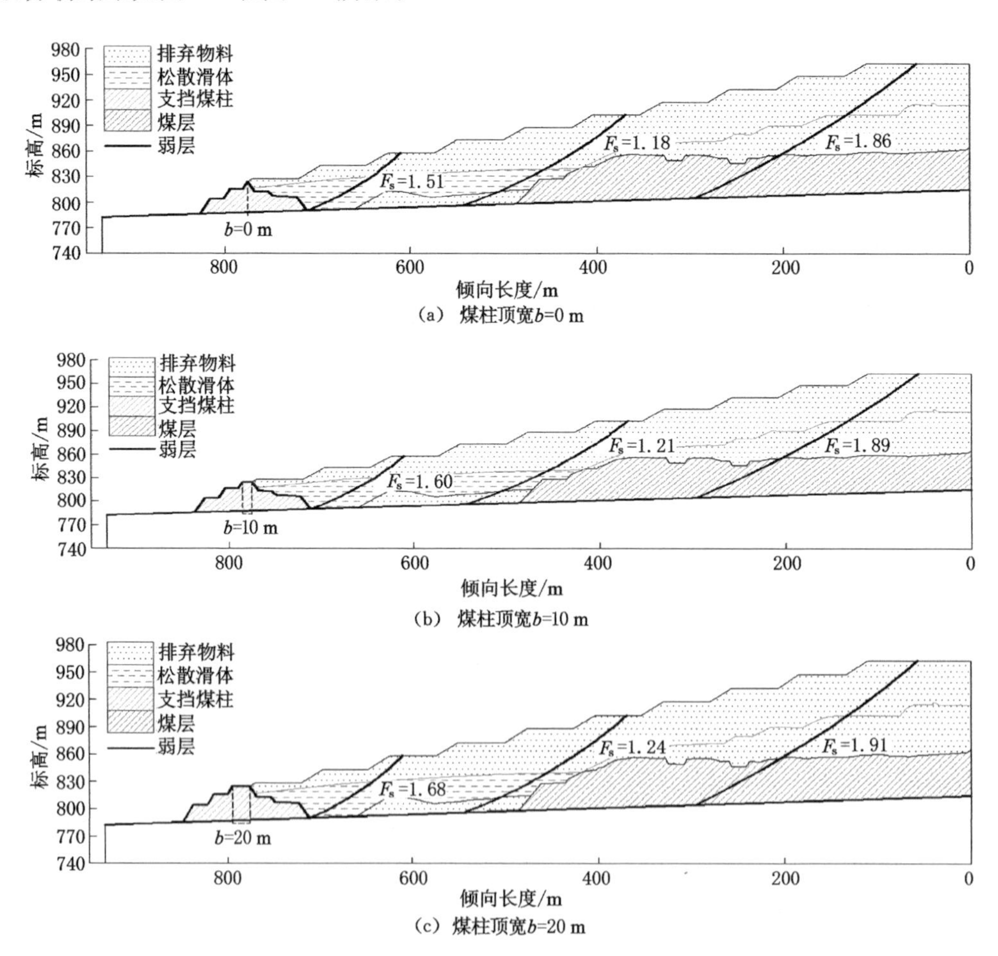

图 4-6 不同煤柱顶宽时内排土场稳定性系数计算结果

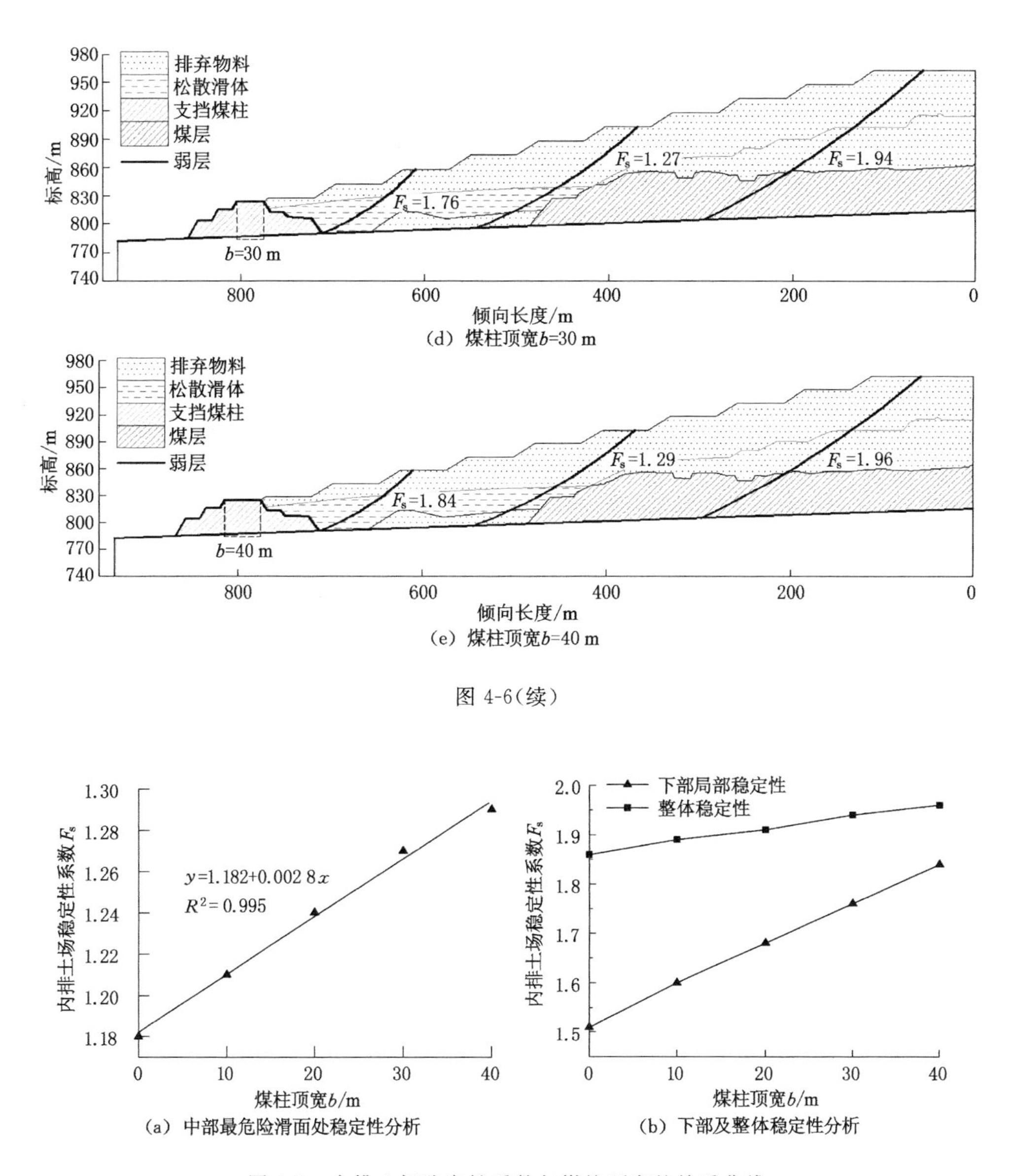

图 4-6(续)

图 4-7　内排土场稳定性系数与煤柱顶宽的关系曲线

分析图 4-6 与图 4-7 可知：内排土场稳定性系数 F_s 随煤柱顶宽 b 增大呈一次函数递增。从斜率可以看出：顶宽 b 对内排土场下部局部边坡稳定性的影响最大，中部局部边坡与内排土场整体稳定性次之，最危险滑面位于内排土场中部。

(2) 煤柱外底角的影响

分析煤柱外底角对内排土场稳定性的影响规律时，同样固定内排土场形态不变，内排土场排土发展至煤柱顶面，煤柱外底角 β 取值为 23°、27°、31°、35°、39°。基于煤柱支挡效应下顺倾基底内排土场稳定性二维计算方法，求解内排土场局部及整体的稳定性系数，分析结果如图 4-8 和图 4-9 所示。

分析图 4-8 与图 4-9 可知：内排土场稳定性系数 F_s 随外底角 β 增大呈二次函数递减；

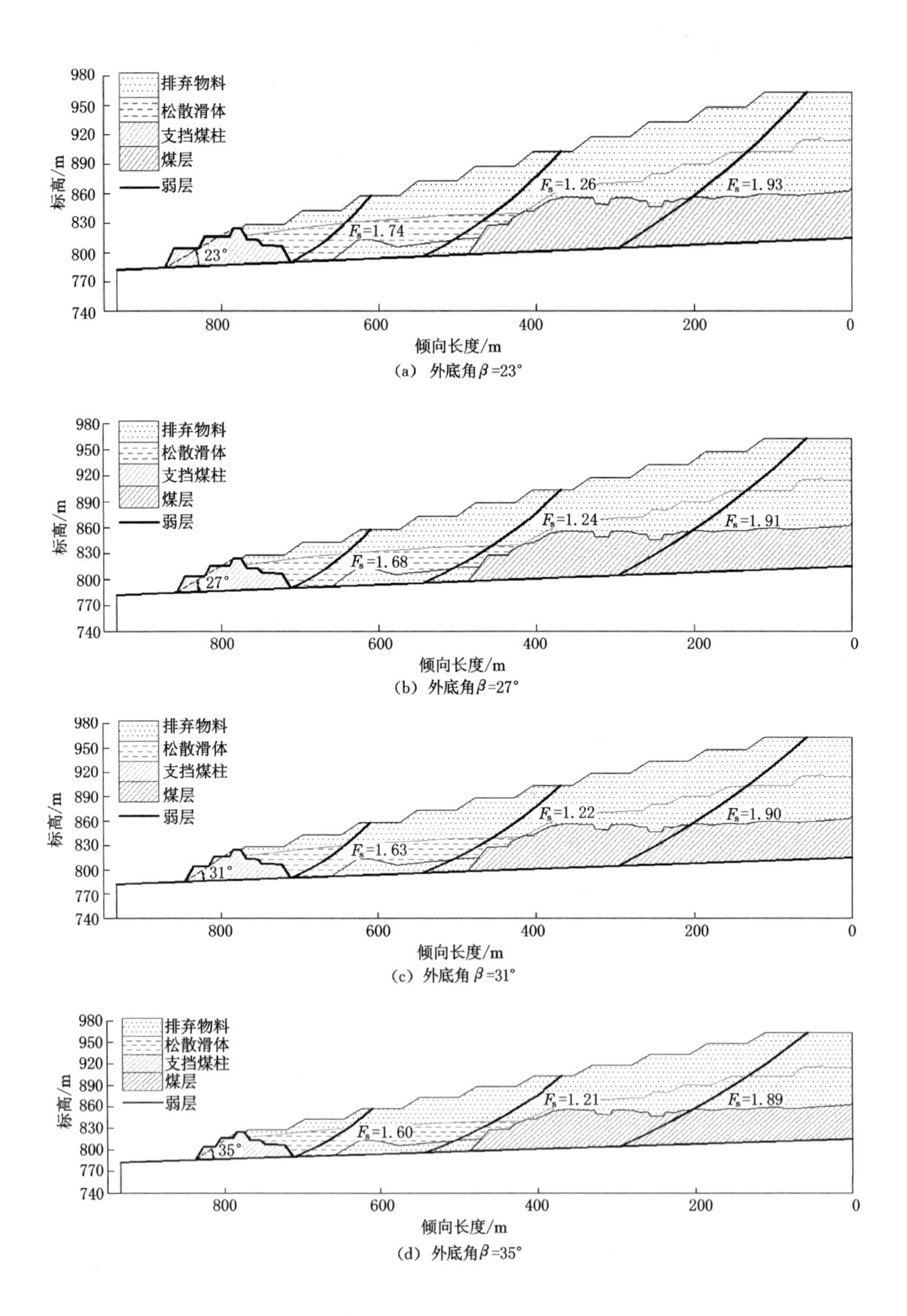

(a) 外底角β=23°

(b) 外底角β=27°

(c) 外底角β=31°

(d) 外底角β=35°

图 4-8　不同煤柱外底角时内排土场稳定性系数计算结果

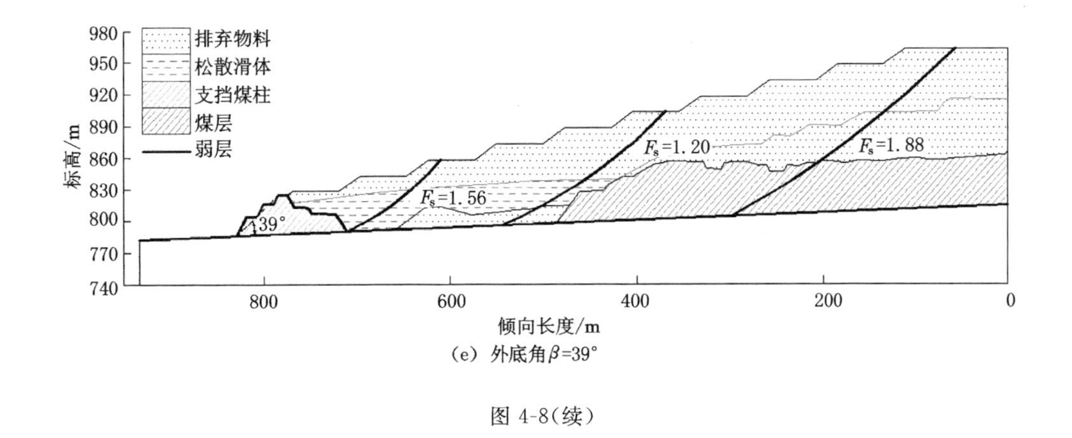

(e) 外底角β=39°

图 4-8(续)

内排土场稳定性系数 F_s

y=1.467-0.012x+0.000 134x^2

R^2= 0.999

煤柱外底角β/(°)

(a) 中部最危险滑面处稳定性分析

下部局部稳定性

整体稳定性

内排土场稳定性系数 F_s

煤柱外底角β/(°)

(b) 下部及整体稳定性分析

图 4-9　内排土场稳定性系数与煤柱外底角的关系曲线

内排土场最危险滑面位于其中部，下部局部边坡及整体边坡稳定性较好。但是图 4-4(d)与图 4-5(d)显示支挡效应随外底角 β 增大呈幂函数递增，造成两者相反的原因是外底角增大时，尽管支挡效应增加，但底界面的抗滑段长度缩短，煤柱的整体抗滑效应降低，内排土场稳定性降低。

(3) 煤柱内底角的影响

由于煤柱内底角对支挡效应的影响较大，当内底角增大时，支挡效应增加，但同时伴随着煤柱底界面抗滑段长度变短，因此有必要分析内底角对内排土场稳定性的影响规律。分析内底角对内排土场稳定性影响规律时，内底角 ω 取值为 22°、26°、30°、34°、38°。内排土场稳定性分析结果如图 4-10 和图 4-11 所示。

分析图 4-10 与图 4-11 可知：内排土场稳定性系数 F_s 与内底角 ω 呈绝对值函数关系，随着内底角 ω 增大呈先增大后减小的趋势；内底角 ω 对内排土场整体稳定性几乎无影响，原因可能是内排土场整体稳定性对内底角 ω 不敏感，且内底角 ω 增大时煤柱底界面长度变短，此时增加的支挡效应与减小的抗滑效应相平衡。

(4) 煤柱高度的影响

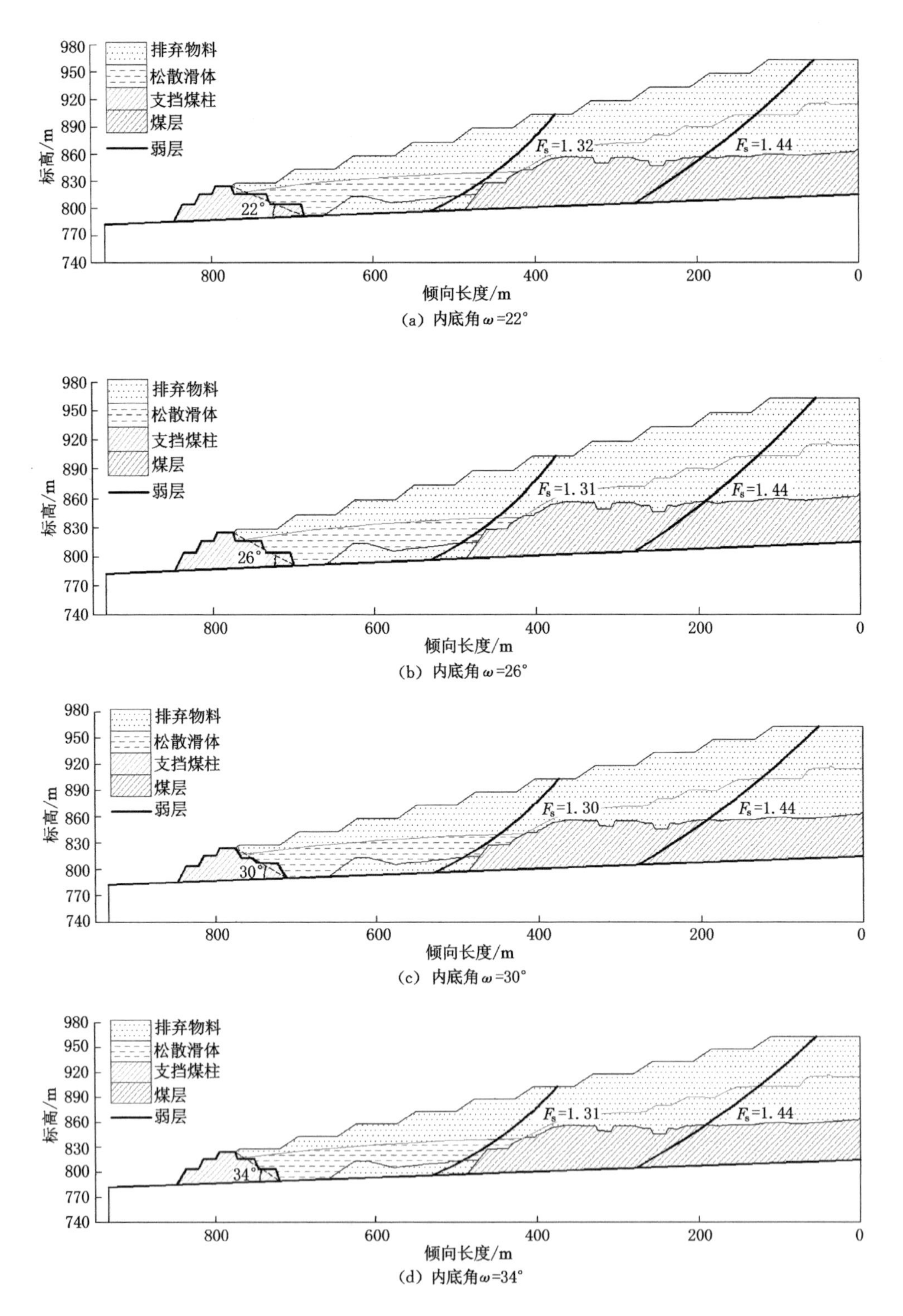

图 4-10　不同煤柱内底角时内排土场稳定性系数计算结果

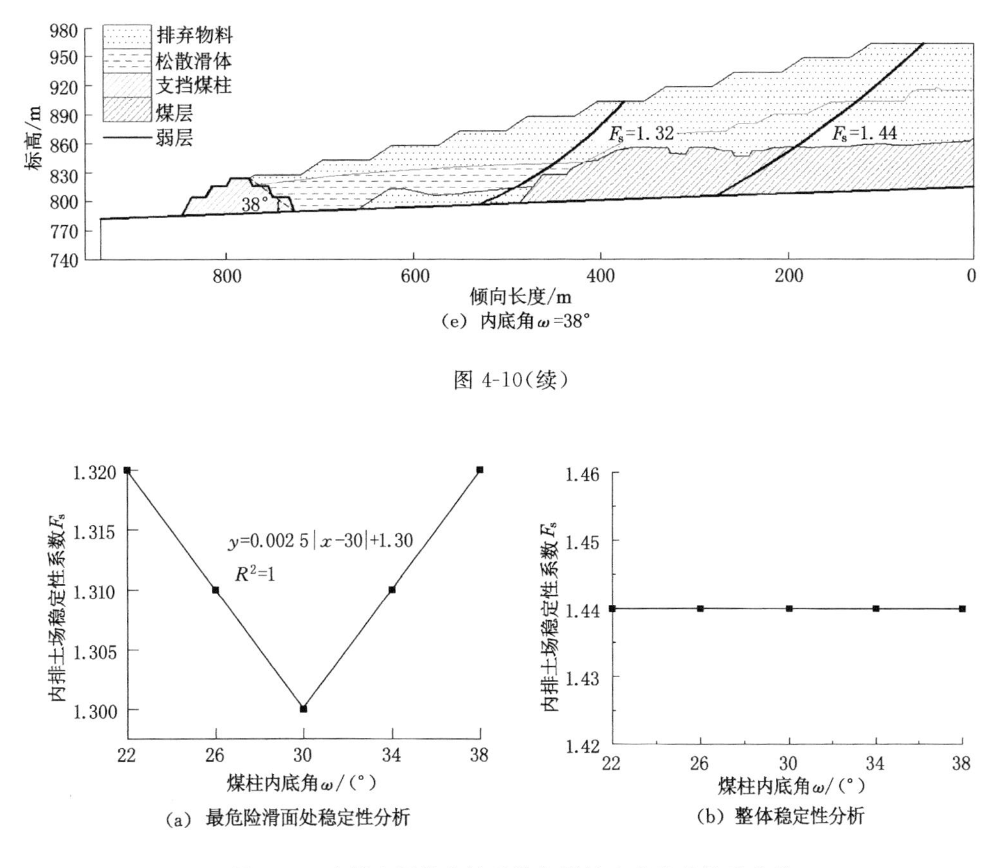

(e) 内底角ω=38°

图 4-10(续)

(a) 最危险滑面处稳定性分析

(b) 整体稳定性分析

图 4-11 内排土场稳定性系数与煤柱内底角的关系曲线

煤柱高度决定煤柱底界面宽度，进而影响内排土场边坡的抗滑段长度，因此有必要揭示煤柱高度对内排土场稳定性的影响规律。为了使边坡纵截距相同，支挡煤柱布置在内排土场内部。分析时固定其他尺寸参数与力学参数，煤柱高度 h 取值为 10 m、20 m、30 m、40 m、50 m，内排土场稳定性分析结果如图 4-12 和图 4-13 所示。

分析图 4-12 和图 4-13 可知：内排土场稳定性系数 F_s 与高度 h 呈一次函数关系，随着高度 h 增大而增大，与支挡效应和煤柱高度的函数关系相同，只是方程系数不同；$R^2=0.98$，相对其他因素拟合曲线的 R^2 较小，但也能满足工程计算精度要求。

(5) 煤柱走向长度的影响

煤柱走向长度是影响支挡效应的主控因素，当煤柱走向长度过大时，煤柱支挡效应消失，因此有必要揭示煤柱走向长度对内排土场稳定性的影响规律。分析时固定其他尺寸参数与力学参数，煤柱走向长度 d 取值为 100 m、300 m、500 m、700 m、900 m，内排土场稳定性分析结果如图 4-14 和图 4-15 所示。

分析图 4-14 和图 4-15 可知：内排土场稳定性系数 F_s 与走向长度 d 呈负相关的指数函数关系，当走向长度 d 大于某值时，内排土场稳定性系数趋于一个定值，该定值为三维支挡效应消失时的计算结果。因此，在剥采工程中，最下面煤层采煤工作线过长时，采用

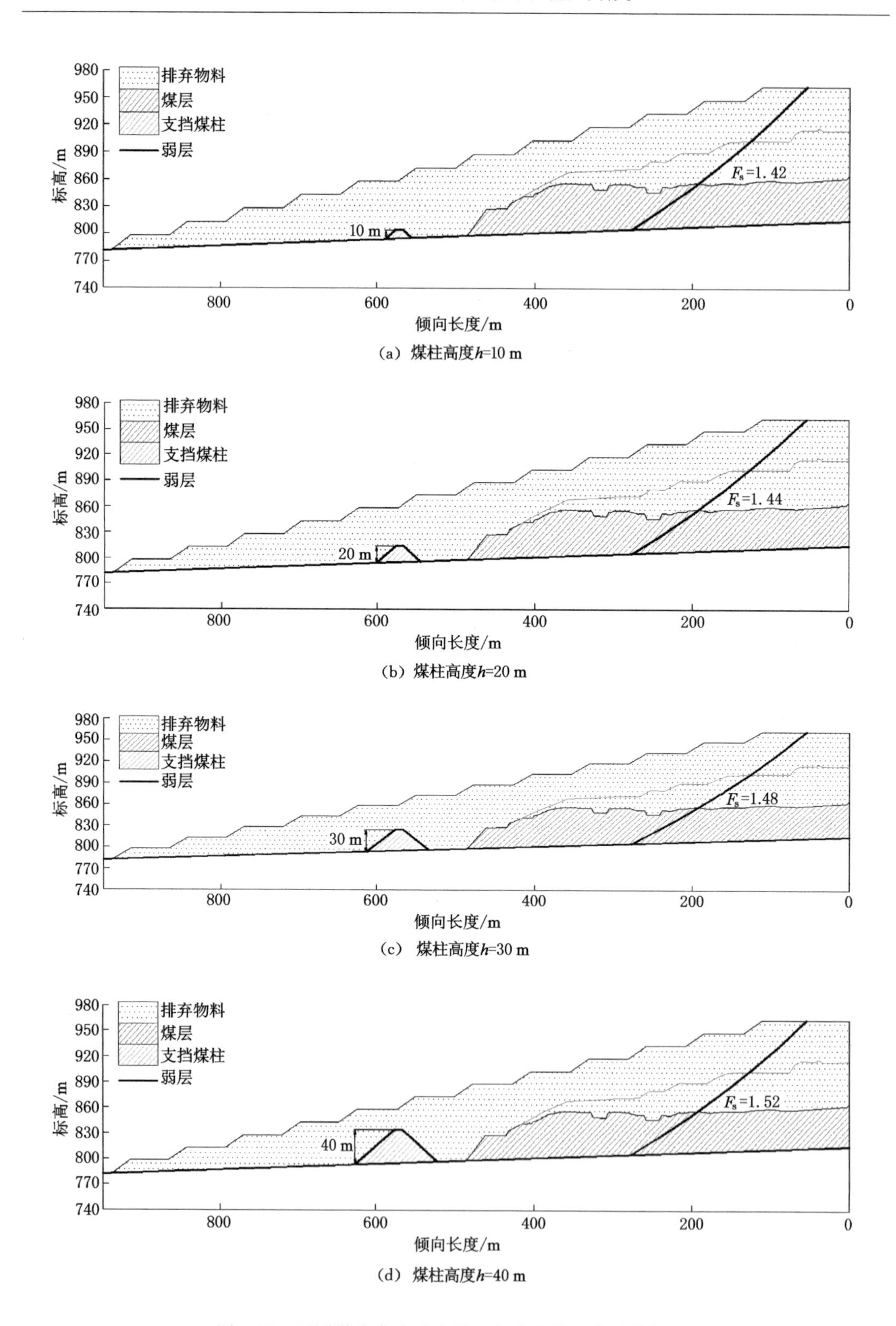

(a) 煤柱高度h=10 m

(b) 煤柱高度h=20 m

(c) 煤柱高度h=30 m

(d) 煤柱高度h=40 m

图 4-12 不同煤柱高度时内排土场稳定性系数计算结果

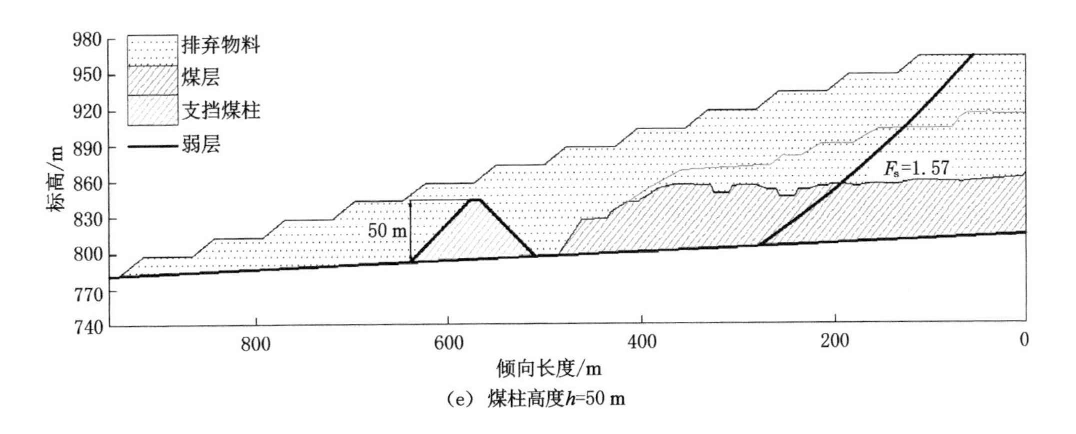

(e) 煤柱高度h=50 m

图 4-12(续)

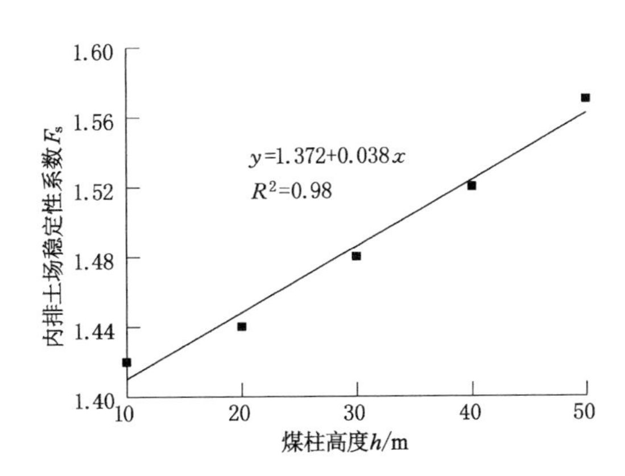

图 4-13　内排土场稳定性系数与煤柱高度的关系曲线

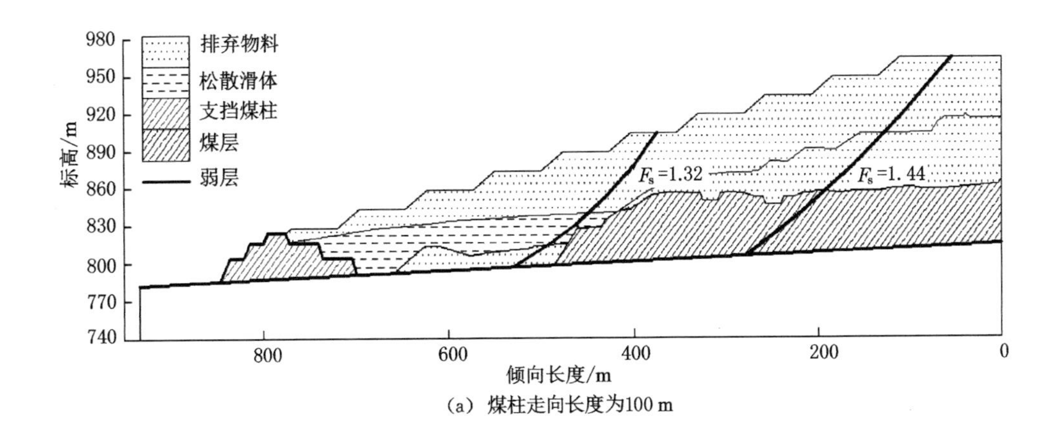

(a) 煤柱走向长度为100 m

图 4-14　不同煤柱走向长度时内排土场稳定性系数计算结果

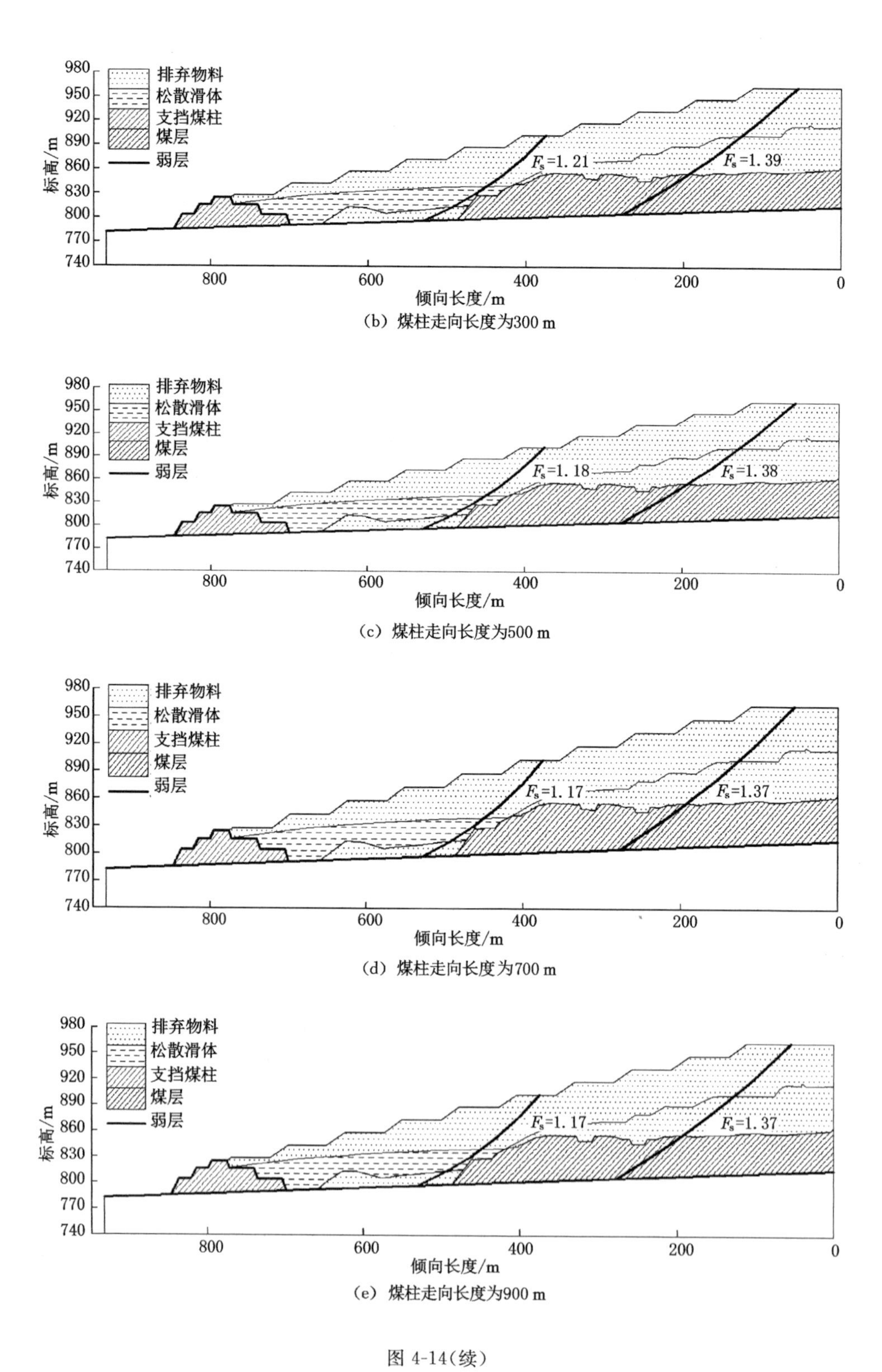

(b) 煤柱走向长度为300 m

(c) 煤柱走向长度为500 m

(d) 煤柱走向长度为700 m

(e) 煤柱走向长度为900 m

图 4-14(续)

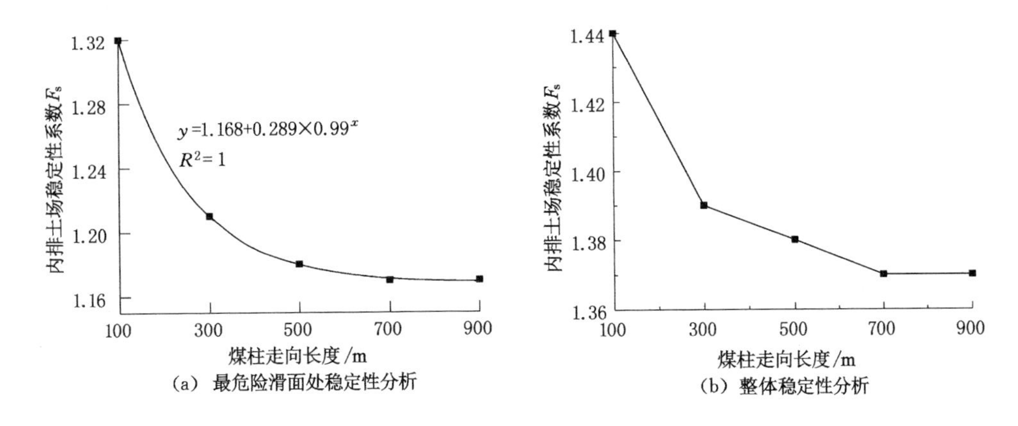

图 4-15 内排土场稳定性系数与煤柱走向长度的关系曲线

留设煤柱支挡内排土场效果不佳，浪费煤炭资源。

(6) 基底倾角的影响

基底倾角是影响煤柱支挡效应和内排土场稳定性的重要因素之一，因此有必要揭示基底倾角对内排土场稳定性的影响规律。基底倾角变化导致工程实例中的典型工程地质剖面无法使用，将原剖面到界边坡内部的煤层和松散滑体层删除，只保留支挡煤柱。基底倾角 α 取值为 0°、2°、4°、6°、8°，内排土场稳定性分析结果如图 4-16 和图 4-17 所示。

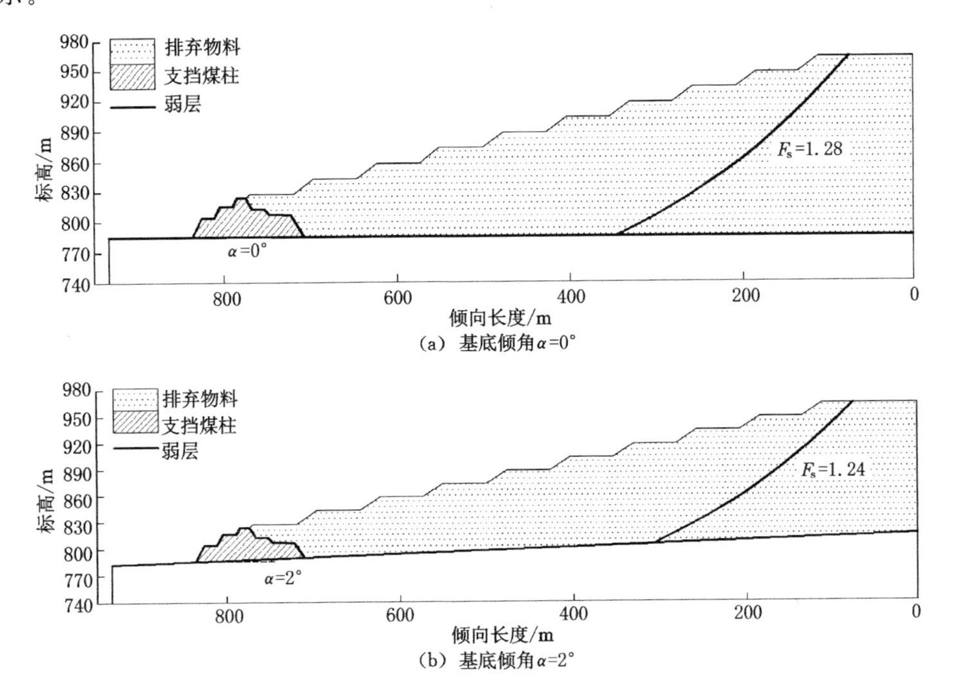

图 4-16 不同基底倾角时内排土场稳定性系数计算结果

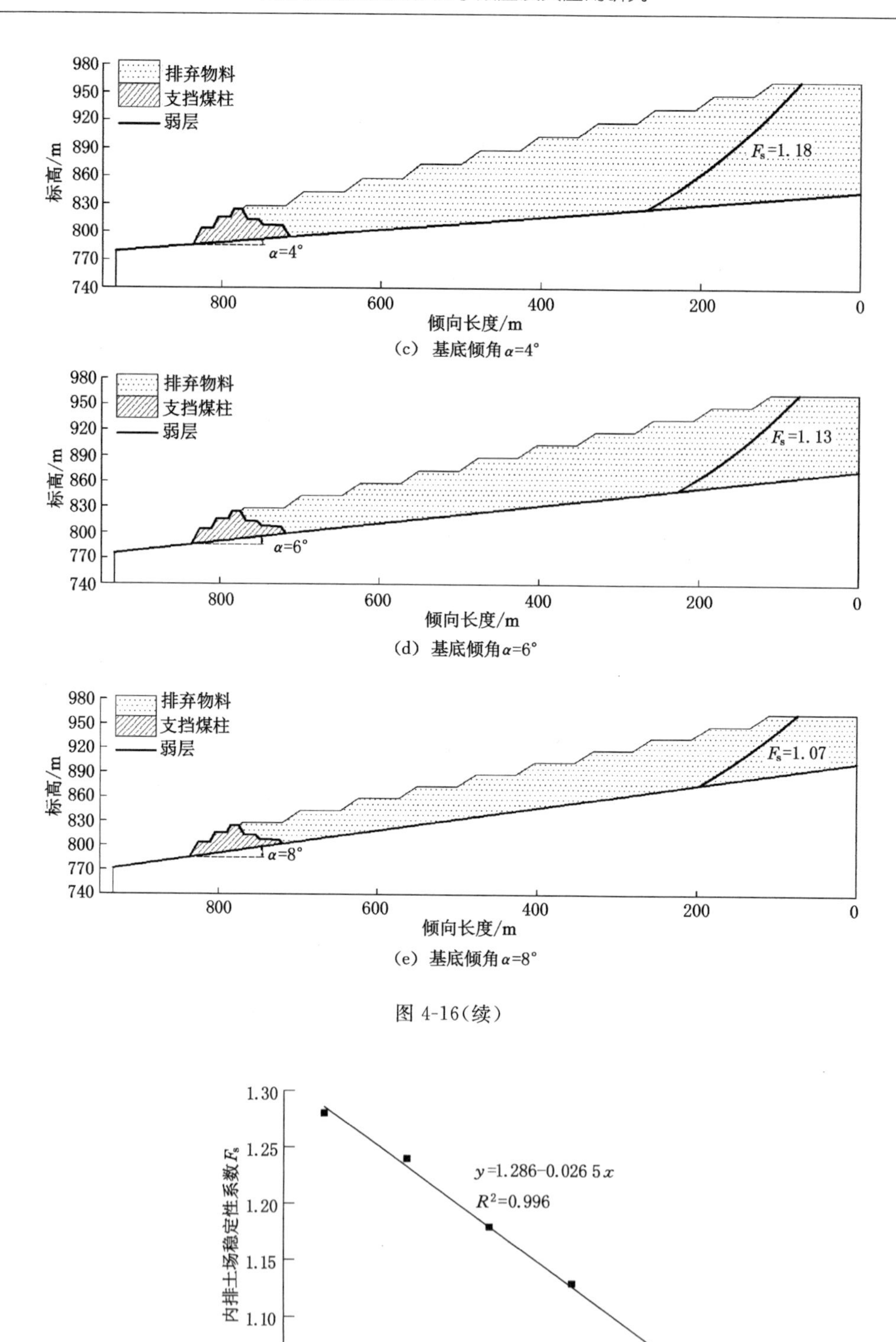

图 4-16(续)

图 4-17　内排土场稳定性系数与基底倾角的关系曲线

分析图 4-16 和图 4-17 可知：内排土场稳定性系数 F_s 与基底倾角 α 呈一次函数关系，随着基底倾角 α 增大，内排土场稳定性系数 F_s 呈降低趋势。

（7）支挡煤柱相对位置的影响

由于内排土场边坡线的纵截距由边坡角、煤柱至坡脚距离及内排土场高度三者决定，当煤柱形态参数固定且内排土场以相同排土参数向前发展时，支挡煤柱位于不同位置时的内排土场稳定性必然不同，因此以煤柱的相对位置作为因素对内排土场稳定性的影响规律展开研究。相对位置用煤柱至坡脚距离 D 与内排土场高度 H 的比值 D/H（以下简称宽高比）表示。宽高比 D/H 取值为 1∶1、1.5∶1、2∶1、2.5∶1、3∶1。内排土场稳定性分析结果如图 4-18、图 4-19、图 4-20 所示。

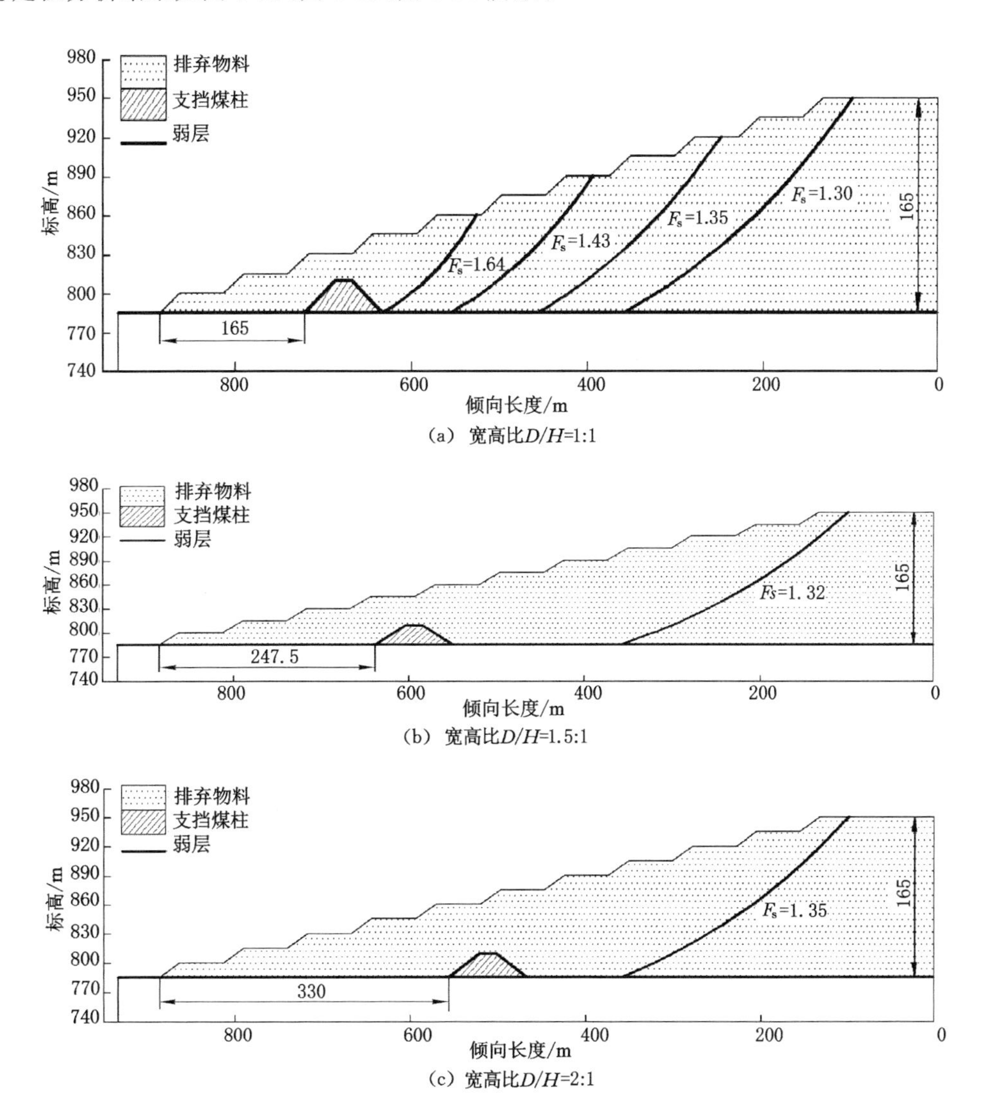

图 4-18 不同宽高比时内排土场稳定性系数计算结果

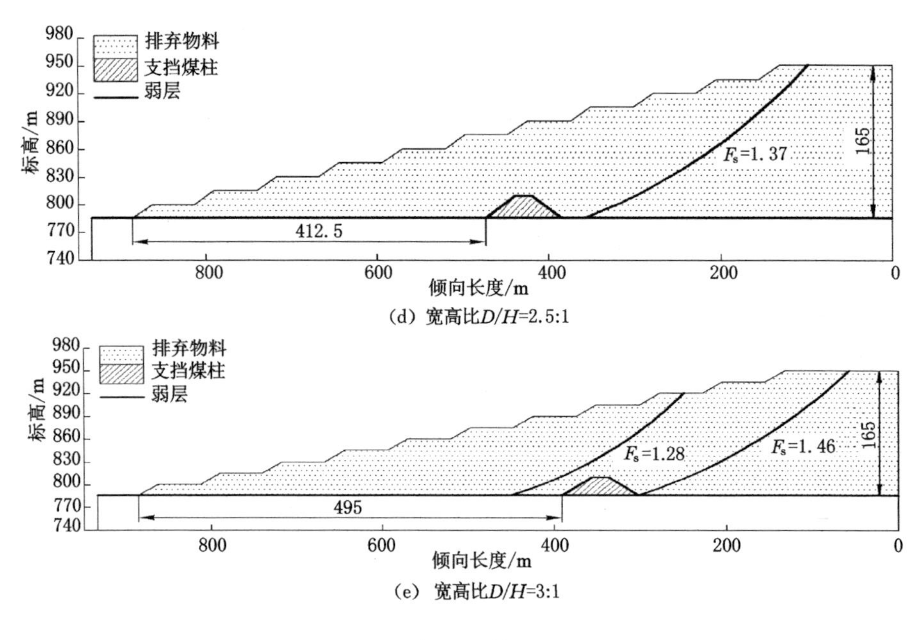

(d) 宽高比D/H=2.5:1

(e) 宽高比D/H=3:1

图 4-18(续)

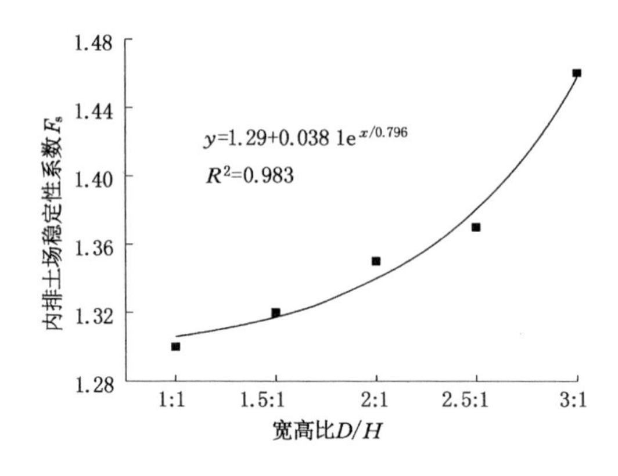

图 4-19　内排土场稳定性系数与宽高比的关系曲线

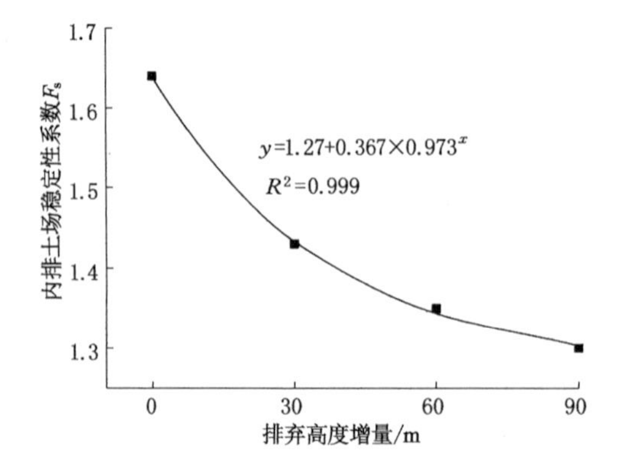

图 4-20　内排土场稳定性系数与排弃高度增量的关系曲线

分析图 4-18 和图 4-19 可知：内排土场整体稳定性系数 F_s 与宽高比 D/H 呈指数函数关系，随着宽高比 D/H 的增大，内排土场稳定性也随之增强。进而说明：当内排土场排弃高度一定时，支挡煤柱离内排土场最下台阶坡底越远，越能提高内排土场稳定性。分析图 4-18(e)可知：当内排土场向前发展至一定工程位置时，内排土场局部稳定性不再受煤柱的支挡效应影响，当局部边坡的稳定性无法满足安全储备系数要求时，为了稳定内排土场，需要再次留设支挡煤柱。

分析图 4-18(a)和图 4-20 可知：内排土场稳定性系数 F_s 与排弃高度增量 ΔH 呈指数函数关系，随着排弃高度增加，内排土场稳定性系数 F_s 随之降低。因此，支挡煤柱形态参数设计过程中，需要考虑排弃高度，防止支挡煤柱形态参数过小而诱发内排土场失稳。

(8) 内排土场边坡角的影响

充分占据内排空间是露天煤矿降本增效的最直接措施，通常采用增大边坡角的方式进行排土。当排弃标高一定时，增大边坡角就会降低内排土场稳定性，且影响支挡煤柱的力学效应，间接影响其稳定性。因此，有必要揭示边坡角对内排土场稳定性的影响规律。固定支挡煤柱形态参数和位置，边坡角 β_p 取值为 12°、14°、16°、18°、20°，内排土场稳定性分析结果如图 4-21 和图 4-22 所示。

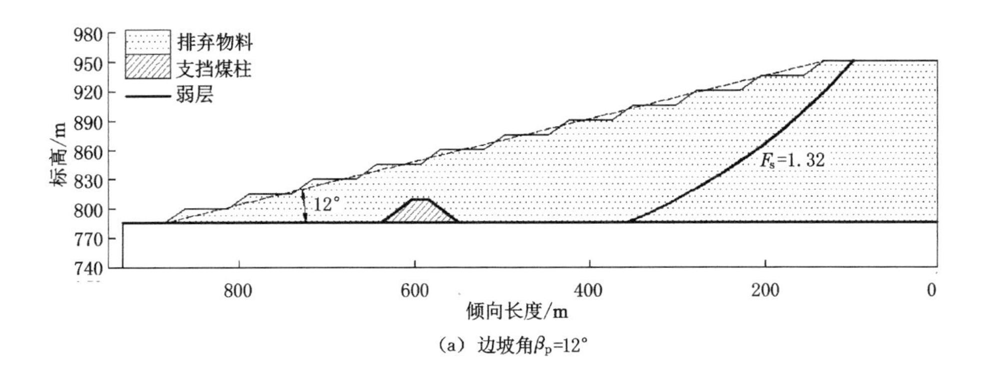

(a) 边坡角β_p=12°

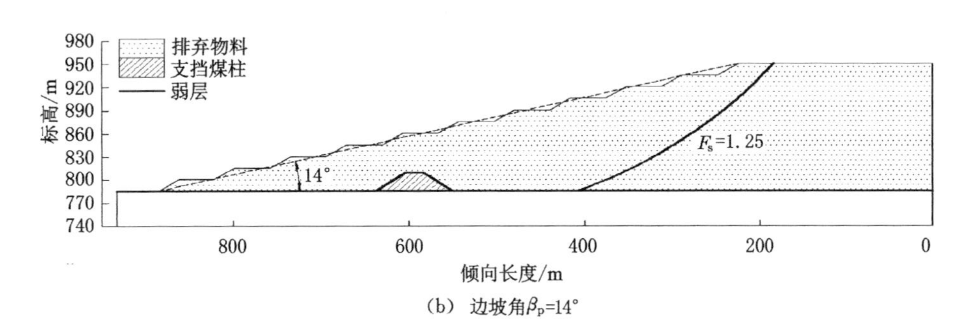

(b) 边坡角β_p=14°

图 4-21 不同边坡角时内排土场稳定性系数计算结果

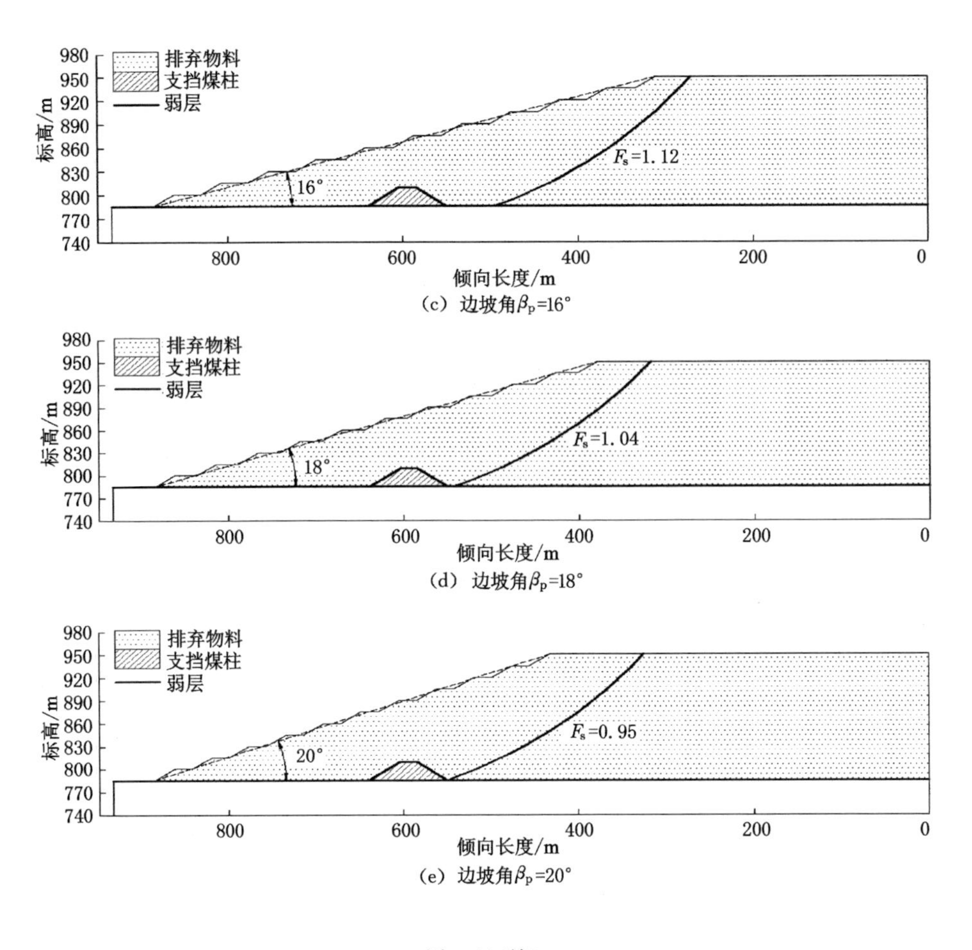

(c) 边坡角β_p=16°

(d) 边坡角β_p=18°

(e) 边坡角β_p=20°

图 4-21(续)

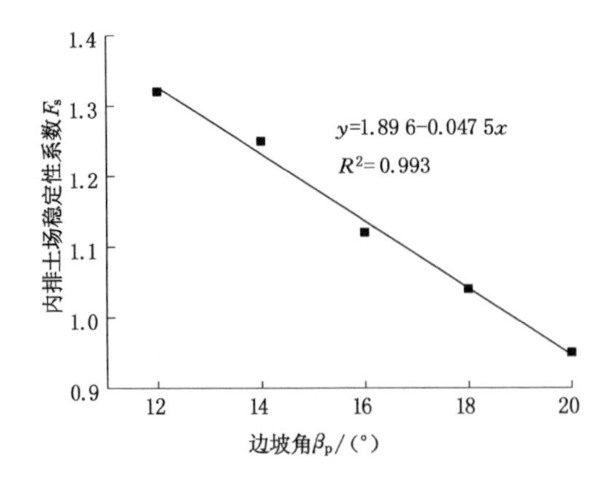

图 4-22 内排土场稳定性系数与边坡角的关系曲线

分析图 4-21 和图 4-22 可知:内排土场稳定性系数 F_s 与边坡角 β_p 呈一次函数关系,随着边坡角 β_p 的增大,内排土场稳定性系数 F_s 随之降低。

综上所述,内排土场稳定性系数 F_s 与煤柱顶宽 b、高度 h 呈正相关一次函数关系,与走向长度 d、排弃高度增量 ΔH 呈负相关指数函数关系,与边坡角 β_p、基底倾角 α 呈负相关一次函数关系,与宽高比 D/H 呈正相关指数函数关系,与外底角 β 呈负相关二次函数关系,与内底角 ω 呈绝对值函数关系。

4.3 内排土场支挡煤柱形态参数优化

根据《煤炭工业露天矿设计规范》(GB 50197 — 2015)中的规定,服务年限小于 10 年的内排土场安全储备系数宜取 1.2,服务年限大于等于 10 年的宜取 1.3。综合考虑煤炭资源损失量、边坡服务年限、重要程度、岩土体指标掌握程度以及南帮滑体的潜在危害,确定胜利东二露天煤矿内排土场的安全储备系数为 1.2。

由地层产状信息可知:内排土场基底倾角 $\alpha=2°$。由剥采工程现状可知:南、北端帮边坡形态已形成,煤柱走向长度 $d=108$ m;为满足剥采工程作业要求,需在+816 m、+804 m 水平留设 15 m 宽的运输平盘,台阶坡面角为 65°;内排土场平盘宽度为 50 m、坡面角为 33°、台阶高度为 15 m,内排土场边坡角 β_p 约为 12°。

由以上已知条件与典型工程地质剖面可知:当给定煤柱高度 h、顶宽 b 时,内底角 ω、外底角 β、走向长度 d、基底倾角 α、边坡线的纵截距 h_p 均为已知量。因此,胜利东二露天煤矿内排土场支挡煤柱形态的未知参数为高度 h 和顶宽 b。由于基底倾角 $\alpha=2°$,改变顶宽 b 时,高度 h 也随之改变,分析时将顶宽分别设置在+816 m 水平、+818 m 水平、+820 m 水平、+822 m 水平、+824 m 水平 5 种工况条件下,调整顶宽 b 在 0~40 m,以 10 m 为间隔连续变化,在 CAD 中直接获取高度 h。基于式(3-13)与式(3-15),计算各工况条件下的等效黏聚力 c_d 与等效内摩擦系数 $\tan\varphi_d$。基于煤柱支挡效应下内排土场稳定性二维计算方法,确定各工况条件下内排土场稳定性系数,通过拟合曲线与安全储备系数 1.2 的各交点,求解 5 种工况条件下的最佳顶宽 b_{best}。以煤柱体积最小为最优目标,确定胜利东二露天煤矿内排土场支挡煤柱的最佳形态参数。

计算时不变参数分别为:煤柱走向长度 $d=108$ m,基底倾角 $\alpha=2°$,内排土场边坡角 $\beta_p=12°$,其他所需参数及等效黏聚力、等效内摩擦角、内排土场稳定性系数计算结果见表 4-10。

表 4-10 各工况条件下的计算参数与结果

工况	β/(°)	ω/(°)	b/m	h/m	h_p/m	c_d/kPa	φ_d/(°)	F_s
工况 1 (顶宽设置在+816 m 水平)	30	25	0	27.79	17.82	27.00	13.68	1.148
			10	28.15	15.97	28.62	13.86	1.160
			20	28.79	14.12	30.17	14.06	1.178
			30	29.15	12.27	31.37	14.20	1.198
			40	29.79	10.42	32.61	14.36	1.208

表 4-10(续)

工况	$\beta/(°)$	$\omega/(°)$	b/m	h/m	h_p/m	c_d/kPa	$\varphi_d/(°)$	F_s
工况 2 (顶宽设置在+818 m 水平)	31	26	0	29.88	19.74	28.31	13.97	1.155
			10	30.24	17.91	30.01	14.16	1.169
			20	30.60	16.08	31.45	14.33	1.185
			30	30.96	14.25	32.70	14.47	1.205
			40	31.32	12.42	33.81	14.60	1.215
工况 3 (顶宽设置在+820 m 水平)	32	27	0	31.97	21.65	29.64	14.26	1.162
			10	32.33	19.84	31.40	14.46	1.176
			20	32.69	18.03	32.91	14.63	1.192
			30	33.05	16.22	34.23	14.78	1.212
			40	33.41	14.41	35.39	14.92	1.222
工况 4 (顶宽设置在+822 m 水平)	33	28	0	34.07	23.6	30.97	14.55	1.169
			10	34.43	21.81	32.81	14.75	1.186
			20	34.79	20.02	34.38	14.94	1.199
			30	35.15	18.23	35.76	15.10	1.219
			40	35.50	16.44	36.97	15.24	1.229
工况 5 (顶宽设置在+824 m 水平)	34	29	0	36.16	25.54	32.11	14.83	1.176
			10	36.52	23.76	34.21	15.05	1.194
			20	36.88	21.98	35.87	15.24	1.209
			30	37.24	20.2	37.29	15.40	1.226
			40	37.60	18.42	38.56	15.55	1.236

分析表 4-10 可知:考虑支挡煤柱侧界面抗剪力 T 时,等效黏聚力最小值为 27 kPa,最大值为 38.56 kPa;等效内摩擦角最小值为 13.68°,最大值为 15.55°。若不考虑支挡煤柱侧界面抗剪力 T 时,底界面黏聚力为 10 kPa,内摩擦角为 10°,按最小值计算。考虑支挡煤柱侧界面抗剪力 T 比不考虑时黏聚力增大了 170%,内摩擦角增大了 36.8%。由此可见:支挡煤柱侧界面抗剪力 T 不能被忽略,在煤柱形态设计过程中应该考虑煤柱的三维支挡效应,避免资源浪费。

本书分别对是否考虑支挡煤柱侧界面抗剪力 T 两种条件下的最佳顶宽 b_{best} 进行求解,并计算出了相应的煤柱体积 V,见表 4-11。考虑支挡煤柱侧界面抗剪力 T 时不同工况时内排土场稳定性系数 F_s 与顶宽 b 的关系曲线如图 4-23 所示,列举顶宽在+824 m 水平、煤柱顶宽 b=20 m 条件下的内排土场稳定性分析结果如图 4-24 所示。

表 4-11 煤柱体积计算表

工况	不考虑支挡煤柱侧界面抗剪力 T			考虑支挡煤柱侧界面抗剪力 T		
	最佳顶宽 b_{best}/m	高度 h/m	体积 $V/\times10^5$ m³	最佳顶宽 b_{best}/m	高度 h/m	体积 $V/\times10^5$ m³
工况 1	56	29.8	3.649	34	29.0	2.951
工况 2	51	31.7	3.680	29	30.9	2.936
工况 3	47	33.6	3.731	25	32.8	2.941
工况 4	41	35.5	3.696	20	34.8	2.899
工况 5	37	37.5	3.721	15	36.7	2.840

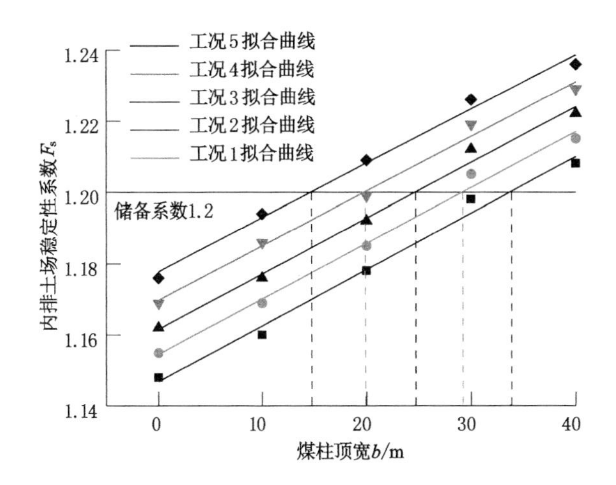

图 4-23 不同工况时内排土场稳定性系数与煤柱顶宽的关系曲线

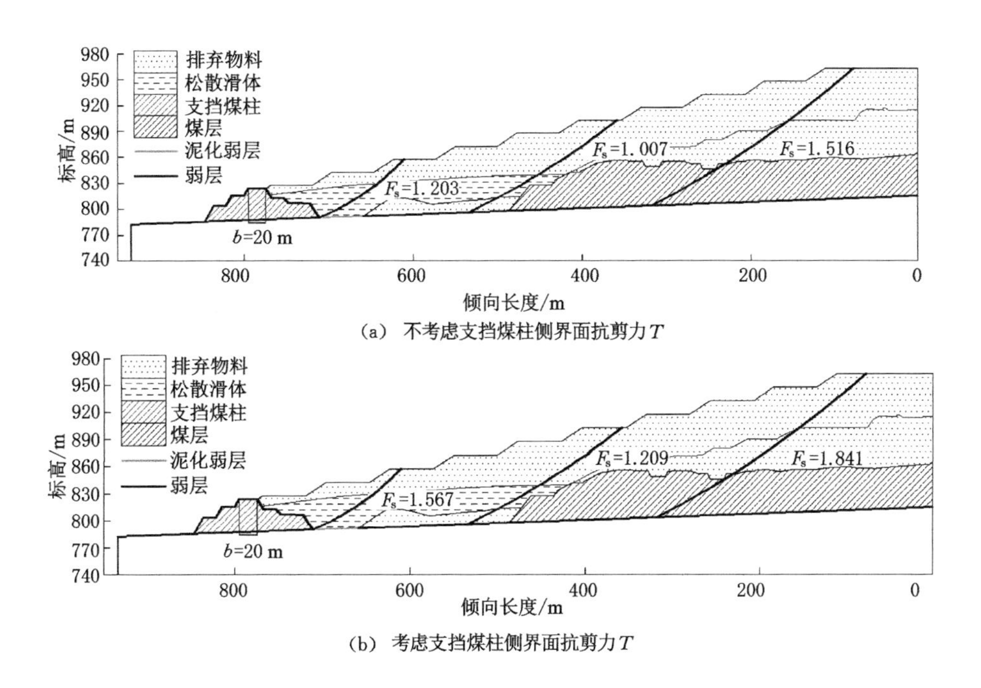

图 4-24 顶宽在+824 m水平、煤柱顶宽 b=20 m工况时内排土场稳定性系数计算结果

分析图 4-23 可知：当考虑支挡煤柱侧界面抗剪力 T 时，内排土场稳定性系数 F_s 随煤柱顶宽 b 增大而线性增大，5 种工况时的拟合曲线与安全储备系数 1.2 的交点即为最佳煤柱顶宽 b_{best}。工况 1 的最佳顶宽为 34 m，工况 2 的最佳顶宽为 29 m，工况 3 的最佳顶宽为 25 m，工况 4 的最佳顶宽为 20 m，工况 5 的最佳顶宽为 15 m。

分析表 4-11 可知：在满足同样的安全储备系数前提下，不考虑支挡煤柱侧界面抗剪力 T 时，顶宽最佳标高为 +816 m 水平，最佳尺寸为顶宽 b=56 m、高度 h=29.8 m，煤柱体积为 3.649×10^5 m^3；考虑支挡煤柱侧界面抗剪力 T 时，顶宽最佳标高为 +824 m 水平，最佳尺寸为顶宽 b=15 m、高度 h=36.7 m，煤柱体积为 2.84×10^5 m^3；后者较前者能使胜利东二露天煤矿多回采煤炭资源约 1.06×10^5 t。因此，从经济角度可以充分体现出支挡煤柱侧界面抗剪力 T 的重要性，煤柱三维支挡效应不能忽略。

分析图 4-24 可知：在相同支挡煤柱形态参数前提下，不考虑支挡煤柱侧界面抗剪力 T 时，内排土场稳定性系数 F_s 为 1.007，考虑支挡煤柱侧界面抗剪力 T 时，内排土场稳定性系数 F_s 为 1.209。因此，从安全角度充分体现出支挡煤柱侧界面抗剪力 T 的重要性，煤柱三维支挡效应不能忽略。

4.4 支挡煤柱失稳机理与内排土场稳定性数值模拟

为了验证理论分析获得的支挡煤柱失稳机理与内排土场稳定性的合理性，采用基于快速拉格朗日法的 FLAC^{3D} 软件进行分析。FLAC^{3D} 软件用来模拟岩土体的力学行为，将边坡体划分为若干四面体、六面体等单元，每个单元在相应的力学边界条件下通过已有的本构模型或开发的本构模型进行计算，能够直接显示岩土体的应力、位移、应变等分布特征[124-125]。FLAC^{3D} 软件与有限元法相比，能够兼顾岩土体的各向异性和大变形特征，当岩土体达到屈服极限时能够呈现塑性流动，广泛应用于边坡工程、围岩垮落及稳定性分析等诸多领域[126-130]。

4.4.1 强度折减原理

自 O. C. Zienkiewicz 等于 1975 年首次将强度折减法引入边坡稳定性分析以来，该方法在保持重力加速度不变的前提下，通过同时降低边坡体内各岩土体抗剪强度参数，即黏聚力 c 与内摩擦角 φ 同时除以折减系数 F，通过不断改变 F，直至边坡达到极限破坏状态。若采用莫尔-库仑强度准则，其表达式如下：

$$1=\frac{\int_0^l \frac{c}{F}+\sigma_n\frac{\tan\varphi}{F}\mathrm{d}l}{\int_0^l \tau\mathrm{d}l} \tag{4-3}$$

4.4.2 边坡失稳判据

近年来，边坡失稳判据成为岩土工程界学者研究的热点，但尚未形成统一的标准和认识。目前主要采用以下三种失稳判据：

（1）以数值计算不收敛作为失稳判据

当边坡体内岩土体的抗剪强度参数折减到一定程度时，滑动面上的塑性应变与位移值不再为定值，根据运动、平衡等数值方程无法求出满足力平衡、本构模型与强度准则的精确解，一般以最大不平衡力比率 $R<10^{-5}$ 为收敛标准，或在给定迭代步数内数值计算不收敛则边坡发生破坏。

（2）以特征点位移发生突变作为失稳判据

位移作为边坡失稳破坏最直观的判断依据之一，通过数值计算求解边坡坡面顶点、中点、底点等某个部位特征点的最大位移或水平位移与折减系数关系，绘制其关系曲线，边坡处于即将失稳的临界点为关系曲线的突变点，突变点所对应的折减系数为边坡的安全系数。

（3）以塑性区贯通作为失稳判据

弹塑性介质岩土体，当其抗剪强度参数折减到一定程度时，在应力作用影响下发生塑性破坏。当折减系数增大到某一值时，边坡体内的等效塑性应变或剪应变等变形参数形成明显的贯通滑动面，边坡发生失稳破坏，此时的折减系数为边坡的安全系数。

本书以边坡面顶点水平位移突变作为失稳判据，求解不同模型的内排土场的稳定性系数。

4.4.3　模型的建立

考虑到 ANSYS 软件对复杂工程地质体建立数值模型和划分网格的适用性及 $FLAC^{3D}$ 在计算岩土工程中的强大功能，数值模拟时将二者结合使用。本书针对考虑支挡煤柱侧界面抗剪力时的 5 种工况时的最佳煤柱形态参数和边坡形态参数建立数值模拟模型，支挡煤柱的断面示意图如图 4-25 所示，数值模拟模型如图 4-26 所示。

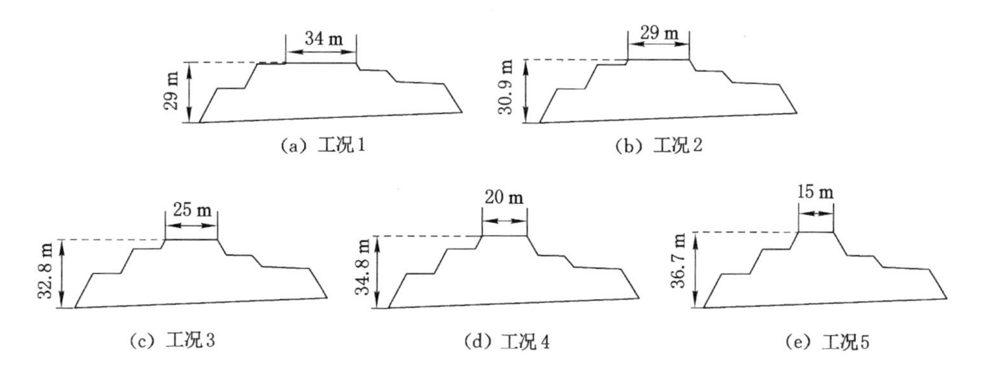

图 4-25　5 种工况时的最佳煤柱断面示意图

数值模型采用莫尔-库仑强度准则进行计算，为了避免模型边界效应对计算结果产生影响，数值模拟模型走向长度为 950 m，倾向长度为 1 100 m，边坡高度为 200 m。位移边

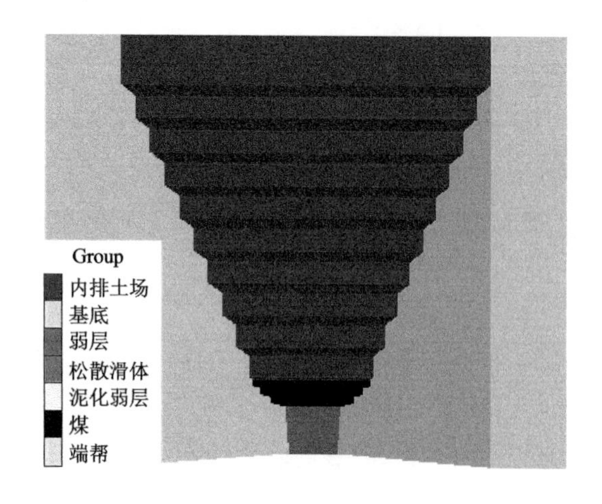

图 4-26 数值模拟模型

界条件为:在 $x=0$,$x=950$ m,$z=0$,$y=0$,$y=1\ 100$ m 面上施加位移约束,重力加速度为 9.8 m/s^2。

4.4.4 数值模拟结果及分析

(1) 支挡煤柱失稳机理分析

由三维位移云图可知:内排土场整体的位移最小,支挡煤柱的位移次之,从上数第 4 个平盘(+905 m 水平)至支挡煤柱的局部边坡的位移最大。基于边坡相对稳定性分析理论,内排土场整体及下部局部边坡稳定性较好,中部局部边坡稳定性较差,与煤柱支挡效应下内排土场稳定性二维计算方法分析的结果一致。若将位移增量等值线最密处作为内排土场与支挡煤柱的临界滑动面,则支挡煤柱破坏位置为过端帮与支挡煤柱在其底界面交线的竖直面附近,与第 2 章理论分析结果一致。对塑性区分布可知:支挡煤柱失稳时塑性区以剪切破坏为主,局部出现受拉破坏,剪切破坏贯通整个支挡煤柱,因此支挡煤柱失稳机理为剪切破坏。

(2) 内排土场稳定性计算结果

以边坡面顶点水平位移突变点为边坡失稳判据,内排土场稳定性计算结果见表 4-12。

表 4-12 内排土场稳定性计算结果

工况	FLAC 数值模拟计算结果	本书研究方法计算结果	相对误差/%
工况 1	1.22	1.20	1.64
工况 2	1.24	1.20	3.23
工况 3	1.23	1.20	2.44
工况 4	1.24	1.20	3.23
工况 5	1.26	1.20	4.76

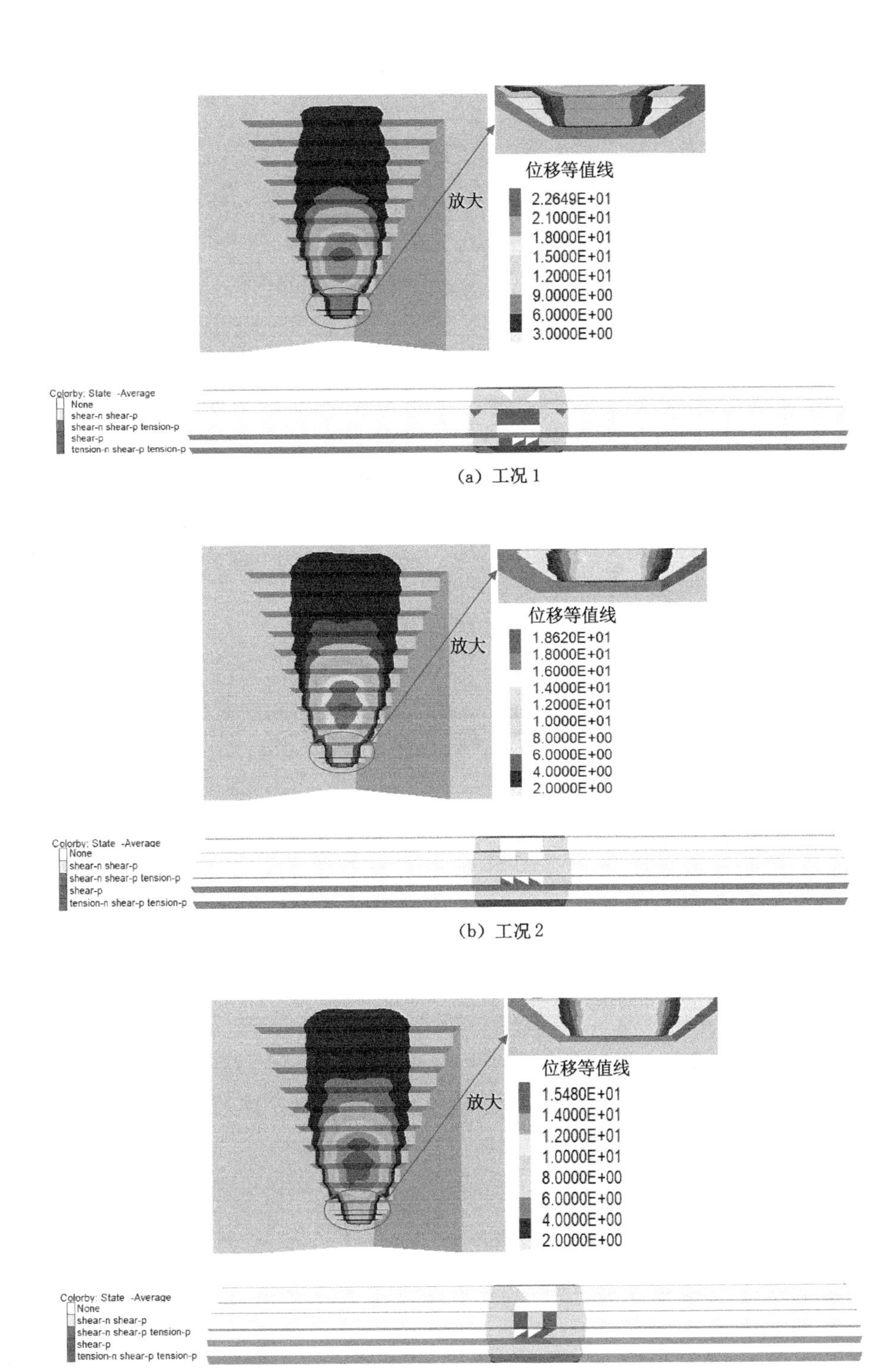

(a) 工况 1

(b) 工况 2

(c) 工况3

图 4-27　位移及塑性区分布

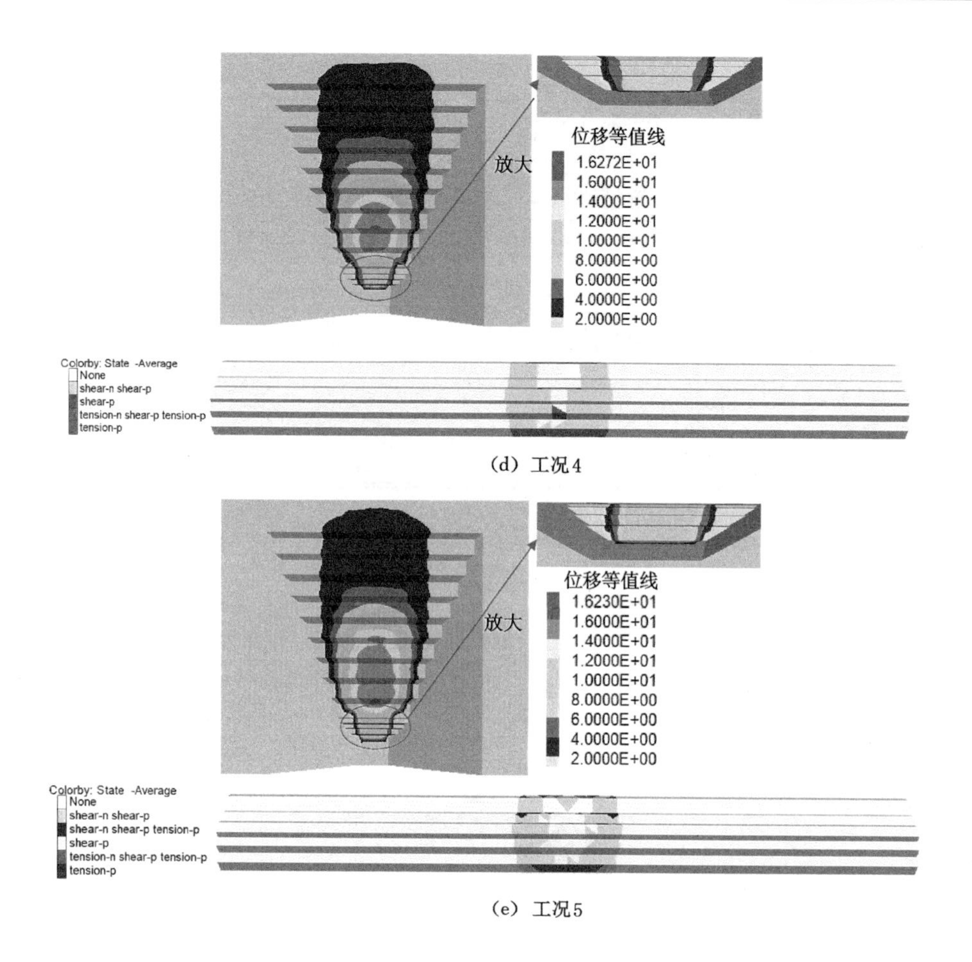

(d) 工况4

(e) 工况5

图 4-27(续)

分析表 4-12 可知：针对 5 种工况条件，采用本书提出的煤柱支挡效应下内排土场稳定性二维计算方法计算得到的内排土场稳定性系数结果与 FLAC 数值模拟计算结果相比普遍偏低，计算结果偏于保守，其原因可能为：本书研究方法忽略了端帮对支挡煤柱应力分布的影响，而数值模拟计算考虑了端帮对支挡煤柱的水平方向应力分布的影响，当煤柱形态参数一定时，增加了支挡煤柱侧界面的抗剪强度和支挡效应，进而提高了内排土场稳定性系数。分析相对误差可知：两种方法计算结果的最大相对误差为4.76%，验证了本书提出的煤柱支挡效应下内排土场稳定性二维计算方法的合理性。

4.5 本章小结

本章综合应用正交试验法和煤柱支挡效应下内排土场稳定性二维计算方法，分析了各影响因素对煤柱支挡效应和内排土场稳定性的影响程度，揭示了各因素与两者的定量关系，优化设计了胜利东二露天煤矿内排土场支挡煤柱形态参数，并采用数值模拟进行了验证，为该矿内排土场支挡煤柱的设计和施工提供了理论依据。

(1) 各因素对煤柱支挡效应中等效黏聚力 c_d 的影响程度从大到小依次为走向长度 d、高度 h、内底角 ω、顶宽 b、基底倾角 α、外底角 β；对等效内摩擦系数 $\tan\varphi_d$ 的影响程度从大到小依次为：走向长度 d、高度 h、内底角 ω、顶宽 b、倾角 α、内排土场边坡线的纵截距 h_p、外底角 β、边坡角 β_p。

(2) 等效黏聚力 c_d、等效内摩擦系数 $\tan\varphi_d$ 与煤柱走向长度 d 均呈反比例函数关系，与煤柱高度 h 均呈正相关一次函数关系，与煤柱顶宽 b、外底角 β、内底角 ω 均呈正相关幂函数关系，与基底倾角 α 分别呈一次、二次函数关系，后者与内排土场边坡角 β_p、纵截距 h_p 分别呈正相关一次函数、幂函数关系。

(3) 各因素对内排土场稳定性系数的影响程度从大到小依次为：内排土场边坡角 β_p、基底倾角 α、煤柱走向长度 d、高度 h、顶宽 b、内底角 ω、边坡线纵截距 h_p、外底角 β；内排土场稳定性系数 F_s 与煤柱顶宽 b、高度 h 呈正相关一次函数关系，与走向长度 d、排弃高度增量 ΔH 呈负相关指数函数关系，与边坡角 β_p、基底倾角 α 呈负相关一次函数关系，与宽高比 D/H 呈正相关指数函数关系，与外底角 β 呈负相关二次函数关系，与内底角 ω 呈绝对值函数关系。

(4) 胜利东二露天煤矿内排土场支挡煤柱考虑侧界面抗剪力比不考虑时底界面黏聚力至少增大了 170%，内摩擦角至少增大了 36.8%，多回采煤炭资源约 1.06×10^5 t；内排土场支挡煤柱的顶宽最佳标高为 +824 m 水平，最佳尺寸为顶宽 $b=15$ m、高度 $h=36.7$ m。

(5) 数值模拟确定的支挡煤柱失稳机理为剪切破坏，本书提出的煤柱支挡效应下内排土场稳定性二维计算方法与数值模拟计算所得内排土场稳定性系数的最大相对误差为 4.76%，充分验证理论分析结果的合理性。

5 结论及展望

5.1 结论

设置支挡煤柱是提高软弱基底内排土场稳定性的重要手段之一,但是传统的二维支挡效应研究易造成支挡煤柱形态参数过大。如何从支挡煤柱力学效应入手,开展煤柱三维支挡效应下的内排土场稳定性分析,合理设计内排土场支挡煤柱形态参数,已成为露天开采领域亟待解决的技术难题。

本书在分析支挡煤柱失稳机理与荷载分布特征的基础上,推导出了水平基底、顺倾基底内排土场支挡煤柱力学效应的数学表达式;基于极限平衡理论,提出了煤柱三维支挡效应的二维等效方法,建立了煤柱支挡效应下的内排土场稳定性二维计算方法。以胜利东二露天煤矿为工程背景,揭示了煤柱形态参数等因素与支挡效应和内排土场稳定性的定量关系,优化设计了该矿内排土场支挡煤柱形态参数,并采用数值模拟方法进行了验证。主要研究结论如下:

(1) 煤柱失稳的机理为剪切破坏,破坏的位置为过端帮与支挡煤柱在其底界面交线的竖直面,支挡煤柱的空间形态可近似为具有四边形截面的四棱柱,可忽略端帮对支挡煤柱应力分布的影响。

(2) 基于数学、力学分析,推导出了水平基底、顺倾基底内排土场支挡煤柱力学效应的数学表达式,实现了对煤柱三维支挡效应的定量表征;基于极限平衡理论,提出了支挡煤柱三维力学效应的二维等效方法,建立了煤柱支挡效应下内排土场稳定性二维计算方法,将空间力学问题转变为平面应变问题进行求解。

(3) 煤柱形态参数中的走向长度 d 和高度 h 对煤柱支挡效应影响最大;等效黏聚力 c_d、等效内摩擦系数 $\tan\varphi_d$ 与煤柱走向长度 d 均呈反比例函数关系,与煤柱高度 h 均呈正相关一次函数关系,与煤柱顶宽 b、外底角 β、内底角 ω 均呈正相关幂函数关系,与基底倾角 α 分别呈一次、二次函数关系,后者与内排土场边坡角 β_p、纵截距 h_p 分别呈正相关一次函数、幂函数关系。

(4) 各因素对内排土场稳定性系数的影响程度从大到小依次为:边坡角 β_p、基底倾角 α、煤柱走向长度 d、高度 h、顶宽 b、内底角 ω、边坡线纵截距 h_p、外底角 β;内排土场稳定性系数 F_s 与煤柱顶宽 b、高度 h 呈正相关一次函数关系,与走向长度 d、排弃高度增量 ΔH

呈负相关指数函数关系，与边坡角 β_p、基底倾角 α 呈负相关一次函数关系，与宽高比 D/H 呈正相关指数函数关系，与外底角 β 呈负相关二次函数关系，与内底角 ω 呈绝对值函数关系。

(5) 胜利东二露天煤矿内排土场支挡煤柱考虑侧界面抗剪力比不考虑时底界面黏聚力至少增大了 170%，内摩擦角至少增大了 36.8%，多回采煤炭资源约 1.06×10^5 t；内排土场支挡煤柱的顶宽最佳标高为+824 m 水平，最佳尺寸为顶宽 b=15 m、高度 h=36.7 m。

(6) 数值模拟确定的支挡煤柱失稳机理为剪切破坏，采用本书提出的煤柱支挡效应下内排土场稳定性二维计算方法与采用数值模拟法计算内排土场稳定性系数结果的最大相对误差为 4.76%，充分验证理论分析结果的合理性。

5.2 展望

本书对内排土场支挡煤柱的力学效应展开深入研究，实现了对煤柱三维支挡效应的定量表征，提出了煤柱三维支挡效应的二维等效方法，建立了支挡煤柱效应下的内排土场稳定性二维计算方法，将该方法应用于胜利东二露天煤矿内排土场支挡煤柱设计中。本书研究成果不仅为类似的边坡工程设计和治理提供科学手段和理论依据，还丰富了露天开采设计理论与方法，科学意义重大，但仍存在以下几个问题有待进一步解决：

(1) 本书推导出了水平基底、顺倾基底内排土场支挡煤柱力学效应的数学表达式，提出煤柱支挡效应的二维等效方法，但是大多数露天煤矿的实际工程地质条件是基底在走向、倾向均顺倾，因此复杂基底条件下内排土场支挡煤柱力学效应有待进一步研究。

(2) 目前最常用的内排土场基底处理方法是布置抗滑沟，两个抗滑沟之间的岩柱力学效应与支挡煤柱的力学效应相似，下一步可将本书研究成果应用于抗滑沟的数量、深度、间距等参数优化设计中。

(3) 煤柱在支挡内排土场的同时对端帮也有支撑作用，如何量化支挡煤柱对端帮的力学效应和揭示煤柱形态参数对端帮稳定性的影响规律，应进一步研究与完善。

参考文献

[1] 任世赢.我国矿产资源综合利用现状、问题及对策分析[J].中国资源综合利用,2017,35(12):78-80.

[2] 陈乐乐,陈彦羽,徐永鑫.我国煤炭资源综合利用的问题与对策分析[J].科技创新导报,2010,7(15):76-77.

[3] 田会,白润才,赵浩.中国露天采矿的成就及发展趋势[J].露天采矿技术,2019,34(1):1-9.

[4] 张峰玮,甄选,陈传玺.世界露天煤矿发展现状及趋势[J].中国煤炭,2014,40(11):113-116.

[5] 李浩荡,佘长超,周永利,等.我国露天煤矿开采技术综述及展望[J].煤炭科学技术,2019,47(10):24-35.

[6] 宋子岭,范军富,祁文辉,等.露天煤矿绿色开采技术与评价指标体系研究[J].煤炭学报,2016,41(增2):350-358.

[7] 唐文亮,彭洪阁,马力,等.露天矿内排土场滑坡成因及治理措施研究[J].煤炭技术,2016,35(8):166-168.

[8] 杨钦,殷彤,寇海涛,等.宝日希勒露天煤矿内排土场稳定性研究[J].能源与节能,2018(2):46-49,60.

[9] 张新明.三道岭露天煤矿内排土场软基底治理[J].露天采矿技术,2013,28(12):13-14.

[10] 段起超,董洪亮,常永刚,等.安家岭矿内排土场失稳因素分析及其控制[J].露天采矿技术,2004,19(6):19-20.

[11] 杨超越.红沙泉露天煤矿边坡稳定性分析[D].鞍山:辽宁科技大学,2018.

[12] ZHANG R,ZHAO J,WANG G X. Stability analysis of anchored soil slope based on finite element limit equilibrium method[J]. Mathematical problems in engineering,2016(5):1-8.

[13] SONG F,CHEEN R Y,MA L Q,et al. Stability analysis of reinforced slope based on limit equilibrium method[J]. Tehnicki Vjesnik technical gazette,2018,25(1):224-229.

[14] 薛海斌,张聪敏,党发宁,等.考虑参数时空演化规律的黄土边坡极限平衡分析法研

究[J]. 岩土工程学报,2018,40(增2):162-166.

[15] WANG X G, LIN X C, LI X, et al. 3D slope stability analysis method based on Pan's maximum principle[J]. Landslides, 2020, 17(5):1163-1176.

[16] YAN M, XIA Y, LIU T, et al. Limit analysis under seismic conditionsof a slope reinforced with prestressed anchor cables[J]. Computers and geotechnics, 2019, 108 (4):226-233.

[17] LI Z, HU Z, ZHANG X Y, et al. Reliability analysis of a rock slope based on plastic limit analysis theory with multiple failure modes[J]. Computers and geotechnics, 2019, 110:132-147.

[18] 段君义,杨果林,林宇亮,等. 考虑填料与土地基差异性的填方边坡稳定性上限分析[J]. 中南大学学报(自然科学版),2019,50(11):2783-2791.

[19] CHENG H Z, CHEN J, CHEN R P, et al. Reliability study on shield tunnel face using a random limit analysis method in multilayered soils[J]. Tunnelling and underground space technology, 2019, 84:353-363.

[20] UMESH P A, BHASKARAN P K, SANDHYA K G, et al. Numerical simulation and preliminary analysis of spectral slope and tail characteristics using nested WAM-SWAN in a shallow water application off Visakhapatnam[J]. Ocean engineering, 2019, 173:268-283.

[21] GUO F, GU W, TANG J J, et al. Research on deformation stability of soft rock slope under excavation based on FLAC3D[J]. Applied mechanics and materials, 2013, 275-277:290-294.

[22] LUO L, LIU S X, LI J X, et al. Numerical simulation of oblique and multidirectional wave propagation and breaking on steep slope based on FEM model of Boussinesq equations[J]. Applied mathematical modelling, 2019, 71:632-655.

[23] 冯伟. 基于数值计算的土质边坡锚固优化设计研究[D]. 南京:南京大学,2017.

[24] 王漫潼. 白音华一号露天矿北排土场南帮边坡稳定性研究[D]. 阜新:辽宁工程技术大学,2015.

[25] FELLENIUS W. Earth stability calculations assuming friction and cohesion on circular slip surfaces[M]. Berlin: W. Ermst, 1927.

[26] BISHOP A W. The use of the slip circle in the stability analysis of slopes[J]. Géotechnique, 1955, 5(1):7-17.

[27] JANBU N. Slope stability computations embankment dam engineering[M]. New York: John Wiley & Sons Inc, 1973.

[28] SPENCER E. A method of analysis of the stability of embankments assuming parallel inter-slice forces[J]. Géotechnique, 1967, 17(1):11-26.

[29] MORGENSTERN N R,PRICE V E. The analysis of the stability of general slip surfaces[J]. Géotechnique,1965,15(1):79-93.

[30] FREDLUND D G,KRAHN J. Comparison of slope stability methods of analysis [J]. Canadian geotechnical journal,1977,14(3):429-439.

[31] SARMA S K. Stability analysis of embankments and slopes[J]. Géotechnique, 1973,23(3):423-433.

[32] 吴顺川. 边坡工程[M]. 北京:冶金工业出版社,2017.

[33] 陈祖煜. 土坡稳定分析通用条分法及其改进[J]. 岩土工程学报,1983,5(4):11-27.

[34] 张鲁渝. 一个用于边坡稳定分析的通用条分法[J]. 岩石力学与工程学报,2005,24(3):496-501.

[35] 贾苍琴,黄茂松,王贵和. 基于材料状态相关剪胀性的土坡稳定分析极限平衡法[J]. 岩土力学,2009,30(增 2):149-153.

[36] 朱大勇,卢坤林,台佳佳,等. 基于数值应力场的极限平衡法及其工程应用[J]. 岩石力学与工程学报,2009,28(10):1969-1975.

[37] 李文渊,吴启红. 基于 Hoek-Brown 非线性极限平衡法的边坡安全系数[J]. 中南大学学报(自然科学版),2013,44(6):2537-2542.

[38] HOVLAND H J. Three-dimensional slope stability analysis method[J]. Journal of the geotechnical engineering division,1977,103(9):971-986.

[39] 张兴. 大坝边坡的三维稳定性分析和滑体的空间形状[J]. 水利学报,1988,19(5):54-60.

[40] 陈祖煜,弥宏亮,汪小刚. 边坡稳定三维分析的极限平衡方法[J]. 岩土工程学报,2001,23(5):525-529.

[41] 李同录,王艳霞,邓宏科. 一种改进的三维边坡稳定性分析方法[J]. 岩土工程学报,2003,25(5):611-614.

[42] 陈胜宏,万娜. 边坡稳定分析的三维剩余推力法[J]. 武汉大学学报(工学版),2005,38(3):69-73.

[43] 张均锋. 三维简化 Janbu 法分析边坡稳定性的扩展[J]. 岩石力学与工程学报,2004,23(17):2876-2881.

[44] 朱大勇,刘华丽,范鹏贤,等. 旋转对称边坡三维安全系数显式解[J]. 解放军理工大学学报(自然科学版),2006,7(5):446-449.

[45] 顾晓强,陈龙珠. 边坡稳定分析的三维极限平衡法[J]. 上海交通大学学报,2007,41(6):970-973,977.

[46] 郑宏. 严格三维极限平衡法[J]. 岩石力学与工程学报,2007,26(8):1529-1537.

[47] 李树奇,黄传志,曹永华,等. 三维边坡稳定问题的基本方程与分析方法[J]. 岩土工程学报,2010,32(12):1892-1897.

[48] 罗先启，袁恒. 求解边坡矢量和安全系数的三维条分法[J]. 岩石力学与工程学报，2011，30(增1)：2865-2870.

[49] 周伟，韩流，舒继森，等. 凹形边坡圆弧滑动模式稳定性控制机理研究[J]. 中国矿业大学学报，2016，45(1)：70-76.

[50] 王东，张晓敏，曹兰柱，等. 凹边坡稳定性三维极限平衡法研究与应用[J]. 中国安全科学学报，2016，26(7)：91-95.

[51] 邓东平，李亮. 基于滑动面应力假设下的三维边坡稳定性极限平衡法研究[J]. 岩土力学，2017，38(1)：189-196.

[52] 王东，李广贺，曹兰柱，等. 含顺倾弱层边坡三维稳定性计算方法研究[J]. 中国安全科学学报，2019，29(3)：95-101.

[53] HOU J，ZHANG M X，CHEN Q，et al. Failure-mode analysis of loose deposit slope in Ya'an-Kangding Expressway under seismic loading using particle flow code[J]. Granular matter，2018，21(1)：1-12.

[54] KAINTHOLA A，SINGH P K，SINGH T N. Stability investigation of road cut slope in basaltic rockmass，Mahabaleshwar，India[J]. Geoscience frontiers，2015，6(6)：837-845.

[55] SUN D M，LI X M，FENG P，et al. Stability analysis of unsaturated soil slope during rainfall infiltration using coupled liquid-gas-solid three-phase model[J]. Water science and engineering，2016，9(3)：183-194.

[56] 郑颖人，赵尚毅，邓卫东. 岩质边坡破坏机制有限元数值模拟分析[J]. 岩石力学与工程学报，2003，22(12)：1943-1952.

[57] 唐春安，李连崇，李常文，等. 岩土工程稳定性分析 RFPA 强度折减法[J]. 岩石力学与工程学报，2006，25(8)：1522-1530.

[58] 王毅，王来贵. 用 ANSYS 分析煤体在燃烧前后边坡稳定性[J]. 辽宁工程技术大学学报，2007，26(S2)：110-112.

[59] 周健，王家全，曾远，等. 土坡稳定分析的颗粒流模拟[J]. 岩土力学，2009，30(1)：86-90.

[60] 王培涛，杨天鸿，朱立凯，等. 基于 PFC2D 岩质边坡稳定性分析的强度折减法[J]. 东北大学学报(自然科学版)，2013，34(1)：127-130.

[61] 郑允，陈从新，朱玺玺，等. 基于 UDEC 的岩质边坡开挖爆破节点拟静力稳定性计算方法[J]. 岩石力学与工程学报，2014，33(增2)：3932-3940.

[62] 马力，李克民，韩流，等. 平直与水平凹形边坡力学结构及稳定性对比研究[J]. 采矿与安全工程学报，2016，33(4)：728-733.

[63] 王家臣，陈冲. 软弱基底排土场边坡稳定性三维反演分析[J]. 中国矿业大学学报，2017，46(3)：474-479.

[64] 杨莹,徐奴文,李韬,等.基于 RFPA3D 和微震监测的白鹤滩水电站左岸边坡稳定性分析[J].岩土力学,2018,39(6):2193-2202.

[65] 尚涛,韩流,舒继森,等.节地减损开采模式下边坡结构及应力发展规律[J].煤炭学报,2019,44(12):3644-3654.

[66] 韩同春,林博文,何露,等.基于 GIS 与数值模拟软件耦合的三维边坡建模方法及其稳定性研究[J].岩土力学,2019,40(7):2855-2865.

[67] QIAN Z G,LI A J,CHEN W C,et al. An artificial neural network approach to inhomogeneous soil slope stability predictions based on limit analysis methods[J]. Soils and foundations,2019,59(2):556-569.

[68] GONG WEIBING,LI JINGPEI,LI LIN. Limit analysis on seismic stability of anisotropic and nonhomogeneous slopes with anti-slide piles[J]. Science China(Technological Sciences),2018,61(1):140-146.

[69] 王江营,文世新,曹文贵,等.塑性极限分析上限法在边坡安全系数求解中的应用[J].铁道科学与工程学报,2009,6(5):42-46.

[70] 张子新,徐营,黄昕.块裂层状岩质边坡稳定性极限分析上限解[J].同济大学学报(自然科学版),2010,38(5):656-663.

[71] 方薇,杨果林,刘晓红,等.非均质边坡稳定性极限分析上限法[J].中国铁道科学,2010,31(6):14-20.

[72] 黄茂松,王浩然,刘怡林.基于转动-平动组合破坏机构的含软弱夹层土坡降雨入渗稳定上限分析[J].岩土工程学报,2012,34(9):1561-1567.

[73] 李泽,王均星,张小艳.基于刚性块体系统的岩质边坡稳定性上限法研究[J].岩石力学与工程学报,2014,33(增1):2844-2852.

[74] 高如超,李春光,孙聪,等.考虑张剪破坏的边坡下限原理有限元法[J].岩土力学,2016,37(8):2426-2432.

[75] 王珍,曹兰柱.基于对数螺旋线离散算法的露天煤矿边坡稳定性研究[J].煤炭科学技术,2019,47(6):111-116.

[76] 周昌寿.露天煤矿内排土场的稳定性[J].中国矿业大学学报,1992,21(1):31-36.

[77] 舒继森,陈爽,关明亮,等.义马北露天煤矿内排上场稳定性研究[J].化工矿山技术,1994,23(3):58-61.

[78] 郑晓鹏.内排土场的变形破坏及防治[J].煤矿安全,2002,33(7):37-38.

[79] 杨占军,吕俊伟,朱建新.抚顺西露天矿内排土场稳定与降雨的关系[J].露天采矿技术,2003,18(4): 11-13.

[80] 杨巨文,曹兰柱,张利忠,等.露天矿软岩基底内排土场变形、破坏规律[J].辽宁工程技术大学学报,2007,26(S2):1-3.

[81] 贾兰,曹兰柱.RFPA2D 在内排土场边坡稳定性分析中的应用[J].露天采矿技术,

2008,23(2):12-14.

[82] 梁冰,孙维吉,杨冬鹏,等.抛掷爆破对内排土场边坡稳定性影响的试验研究[J].岩石力学与工程学报,2009,28(4):710-715.

[83] 许昌,张玮.基于FLAC露天矿山内排土场稳定性数值模拟[J].现代矿业,2010,26(12):40-44.

[84] 刘峰,邓有燃,刘如成,等.安家岭露天矿内排土场南帮边坡稳定性分析[J].露天采矿技术,2012,27(S1):46-50.

[85] 张信,殷志祥,王东.顺兴露天矿顺倾软弱基底内排土场稳定性研究[J].世界科技研究与发展,2015,37(2):138-140.

[86] 陈亚军,常治国,毛金峰,等.黑山露天煤矿顺层边坡破段小台阶内部排土稳定性分析[J].煤炭技术,2015,34(5):1-3.

[87] 罗怀廷,纪玉石,闫杰.哈尔乌素露天煤矿内排土场增高研究[J].露天采矿技术,2017,32(3):19-22.

[88] 宋子岭,刘文坊,范军富,等.倾斜基底内排土场边坡稳定性分析[J].金属矿山,2018(2):179-183.

[89] 李三川,王晨光,白润才,等.元宝山露天煤矿内排土场变形特性研究[J].煤炭科学技术,2018,46(3):85-89,102.

[90] 曹兰柱,李广贺,王东,等.露天矿顺倾软弱基底内排土场边坡空间形态优化[J].煤炭科学技术,2018,46(2):163-167.

[91] 赵宇,肖兵.胜利露天煤矿边坡涌水对内排土场稳定性影响[J].露天采矿技术,2018,33(1):50-54.

[92] 田雨,雷少刚,卞正富.基于SBAS和混沌理论的内排土场沉降监测及预测[J].煤炭学报,2019,44(12):3865-3873.

[93] 王东,李广贺,曹兰柱,等.元宝山露天矿内排土场压脚挂帮并行建设方案[J].辽宁工程技术大学学报(自然科学版),2019,38(4):289-294.

[94] 周永利,黄浩轩,翟正江,等.露天矿内排土场堆叠过程中边坡形态优化[J].煤矿安全,2019,50(6):263-265,271.

[95] 李林,鞠兴军.宝日希勒露天矿内排土场边坡变形特征与防治措施[J].露天采矿技术,2009,24(5): 7-9,13.

[96] 徐贵娃.强夯法在露天煤矿内排土场软地基处理中的应用[J].露天采矿技术,2012,27(1):29-32.

[97] 杨大明,夏帆,谢咲.振冲碎石桩法在某内排土场地基处理中的应用[J].露天采矿技术,2013,28(2):37-40.

[98] 张建平,王俊.能量法在软弱基底排土场处理中的应用[J].煤炭技术,2015,34(6):204-205.

[99] 冯辉,张华栋.某露天煤矿内排土场边坡稳定性分析[J].现代矿业,2017,33(8):214-216,219.

[100] 秦帅,姚松,辛利民.孝义铝矿边坡残留矿体开采内排土场分析与管理[J].采矿技术,2017,17(5):38-41.

[101] 刘玉凤,曹芳智,马明,等.地下水对伊敏露天矿内排土场边坡稳定的影响[J].煤矿安全,2019,50(8):236-239.

[102] 鲁宁,韩猛,于玲,等.内蒙某矿内排土场稳定性分析及优化[J].煤矿安全,2019,50(9):236-239.

[103] 陈毓,周西华.黑山露天矿内排土场边坡稳定分析及治理措施[J].煤矿安全,2019,50(12):231-233,238.

[104] 田华.准东露天矿软岩边坡动力失稳规律及高段内排安全控制技术研究[D].徐州:中国矿业大学,2019.

[105] WANG J J,XIAO L L,ZHANG J,et al. Deformation characteristics and failure mechanisms of a rainfall-induced complex landslide in Wanzhou County,Three Gorges Reservoir,China[J]. Landslides,2020,17(2):419-431.

[106] LIU H D,LI D D,WANG Z F,et al. Physical modeling on failure mechanism of locked-segment landslides triggered by heavy precipitation[J]. Landslides,2020,17(2):459-469.

[107] 陈凤阳.平庄西露天煤矿顶帮“4·17”滑坡形成机制研究[J].煤矿安全,2017,48(9):73-76.

[108] REN Y,LI T B,DONG S M,et al. Rainfall-induced reactivation mechanism of a landslide with multiple-soft layers[J]. Landslides,2020,17(5):1269-1281.

[109] WEI Y F,NEI D X. Analysis on progressive slipping-shear failure mode of bedding slope of hard rock with medium or large dip angle[J]. Applied mechanics and materials,2013,438/439:1232-1237.

[110] 肖仁成,俞晓.土力学[M].北京:北京大学出版社,2006.

[111] 蔡美峰.岩石力学与工程[M].2版.北京:科学出版社,2013.

[112] YUAN W,LIU S G,WANG W,et al. Numerical study on the fracturing mechanism of shock wave interactions between two adjacent blast holes in deep rock blasting[J]. Earthquake engineering and engineering vibration,2019,18(4):735-746.

[113] NAEINI S A,KHADEM RABE B,MAHMOODI E. Bearing capacity and settlement of strip footing on geosynthetic reinforced clayey slopes[J]. Journal of Central South University,2012,19(4):1116-1124.

[114] 孙世国,宋维琦,王子彪.基于剩余推力法的南方某高速路边坡的稳定性计算及加

固方式探讨[J]. 江西建材,2018(5):84-85.

[115] FENG S J, SUN S G, ZHAO X F, et al. Research and application of slope stability analysis method based on engineering mechanics and engineering materials[J]. Advanced materials research, 2014, 886:432-435.

[116] ZHOU X P, ZHU B Z, JUANG C H, et al. A stability analysis of a layered-soil slope based on random field[J]. Bulletin of engineering geology and the environment, 2019, 78(4):2611-2625.

[117] GOPAL SINGH R, TIWARI G N. Simulation performance of single slope solar still by using iteration method for convective heat transfer coefficient[J]. Groundwater for sustainable development, 2020, 5 (10):18-38.

[118] 夏艳华,白世伟. 传递系数法在滑坡治理削坡方案设计中的应用[J]. 岩石力学与工程学报,2008,27(S1):3281-3285.

[119] HE H Y. Mechanism and calculation research on excavation deformation of high layered dip rocky slope [J]. Advanced materials research, 2012, 455/456: 1596-1600.

[120] HU C B, ZHANG X B. Influence of multiple structural parameters on interior ballistics based on orthogonal test methods[J]. Defence technology, 2019, 15(5): 690-697.

[121] WANG B H, LIN R, LIU D C, et al. Investigation of the effect of humidity at both electrode on the performance of PEMFC using orthogonal test method[J]. International journal of hydrogen energy, 2019, 44(26):13737-13743.

[122] 马力,张建国,肖双双,等. 含水弱胶结外排土场边坡稳定性研究[J]. 西安科技大学学报,2018,38(6):931-936.

[123] ZHAO L Y, HUANG Y, CHEN Z Y, et al. Dynamic failure processes and failure mechanism of soil slope under random earthquake ground motions [J]. Soil dynamics and earthquake engineering, 2020, 133:106-147.

[124] JAVDANIAN H. On the behaviour of shallow foundations constructed on reinforced soil slope - a numerical analysis[J]. International journal of geotechnical engineering, 2020, 14(2):188-195.

[125] CHATRA A S, DODAGOUDAR G R, MAJI V B. Numerical modelling of rainfall effects on the stability of soil slopes[J]. International journal of geotechnical engineering, 2019, 13(5):425-437.

[126] 谢强,田大浪,刘金辉,等. 土质边坡的饱和-非饱和渗流分析及特殊应力修正[J]. 岩土力学,2019,40(3):879-892.

[127] UMRAO R K, SINGH R, SHARMA L K, et al. Soil slope instability along a stra-

tegic road corridor in Meghalaya, north-eastern India[J]. Arabian journal of geosciences, 2017, 10(12): 1-9.

[128] 王猛, 王襄禹, 肖同强. 深部巷道钻孔卸压机理及关键参数确定方法与应用[J]. 煤炭学报, 2017, 42 (5): 1138-1145.

[129] KIM B H, LARSON M K. Development of a fault-rupture environment in 3D: a numerical tool for examining the mechanical impact of a fault on underground excavations[J]. International journal of mining science and technology, 2019, 29(1): 105-111.

[130] MURPHY M M, ELLENBERGER J L, ESTERHUIZEN G S, et al. Analysis of roof and pillar failure associated with weak floor at a limestone mine[J]. International journal of mining science and technology, 2016, 26(3): 471-476.